Voyage au cœur de l'infini

Sophie Fromager
Patricia Laporte

Voyage au cœur de l'infini

CNRS ÉDITIONS

Les illustrations de l'ouvrage ont été réalisées,
sauf indication contraire, par Sylvain Vialla.

ISBN : 978-2-271-08167-4

Introduction

Il n'est pas de pointe plus acérée
que celle de l'infini. »
Baudelaire

Abyssal, paradoxal, passionnant. On s'y confronte parfois, on essaie de l'éviter souvent. Il nous fascine et nous dépasse à la fois. Le questionnement sur l'infini semble inséparable de l'histoire de l'humanité pensante.

Intuitif, philosophique, scientifique, le problème de l'infini traverse en effet les siècles avec son lot d'interrogations. Une puissance infinie est-elle à l'origine de mon existence finie ? L'infini existe-t-il en acte ou n'est-il que pure virtualité ? Si l'univers a un bord, qu'y a-t-il au-delà ? Combien de nombres contient l'ensemble des nombres ? Rarement question n'a à ce point suscité l'intérêt de tant de disciplines ! L'infini, un sujet infini ? Certainement. Or là n'est pas la seule difficulté d'une telle question. Le statut de l'infini n'a en effet cessé d'évoluer au fil des siècles. Assimilé au chaos dans le monde clos des Grecs, il constitue tout d'abord une sorte de néant duquel on ne peut rien connaître ni dire. L'infini n'a alors pas voix au chapitre. Puis, par l'intermédiaire de Platon notamment, il trouve une place dans le discours philosophique. Entendu comme « indéfini », il jouit dès lors d'une définition par la négative : est considéré comme infini ce qui n'est pas fini ou n'est pas défini. Il faudra finalement attendre le XVIe siècle et les découvertes de Copernic à l'origine d'une nouvelle représentation du monde pour que l'infini commence à devenir une idée positive. Insaisissable de fait et par définition, l'infini ne constitue donc pas un objet d'étude comme les autres. Tant et si bien que l'on finit par se demander si ce n'est pas une gageure que de prétendre y consacrer un ouvrage scientifique. Il nous faut donc préciser notre propos si l'on veut aller plus loin.

À partir du XVIe siècle, les scientifiques commencent à s'interroger sur l'infini, mais tous ne l'appréhendent pas de la même manière. Si les mathématiciens parviennent à apprivoiser cette notion, c'est en lui accordant le statut de concept opératoire. Notion théorique, l'infini n'a alors pas d'équivalent dans la réalité. Il faut en effet se tourner vers les travaux des physiciens pour que l'infini commence à faire irruption dans le réel. De quelle manière ? En science, et plus particulièrement en physique, tout commence et tout finit par des observations. Or les scientifiques s'accordent sur le fait que le monde observable s'étend de l'infiniment petit à l'infiniment grand. Que faut-il en déduire ? Qu'en tant que limites, l'infiniment petit et l'infiniment grand échappent définitivement et de manière absolue à toute observation ? Évidemment non. À la limite du monde observable, ils constituent des bornes non pas figées mais mobiles qui reculent à mesure que la physique et la technique progressent. À la limite de la science, ils ne lui échappent pas pour autant. Dernier bastion à conquérir, ils lui permettent au contraire de se renouveler.

Quelles sont les grandes étapes de cette conquête ? Quels sont les murs auxquels la science se heurte ? Comment renouvelle-t-elle ses cadres de pensée pour franchir chaque obstacle ? Telles sont les questions qui ont guidé notre travail et nous ont conduit à opter pour une approche historique du problème. C'est en effet en remontant le cours du temps que l'on sera le plus à même d'appréhender les problématiques les plus actuelles de la physique dont la principale reste : comment concilier ces deux infinis ?

De l'Antiquité à nos jours, de l'atomisme à la physique quantique, du monde clos des Grecs à la cosmologie relativiste, des lunettes astronomiques aux télescopes et accélérateurs, entreprenons donc ce voyage au cœur de l'infiniment petit et de l'infiniment grand.

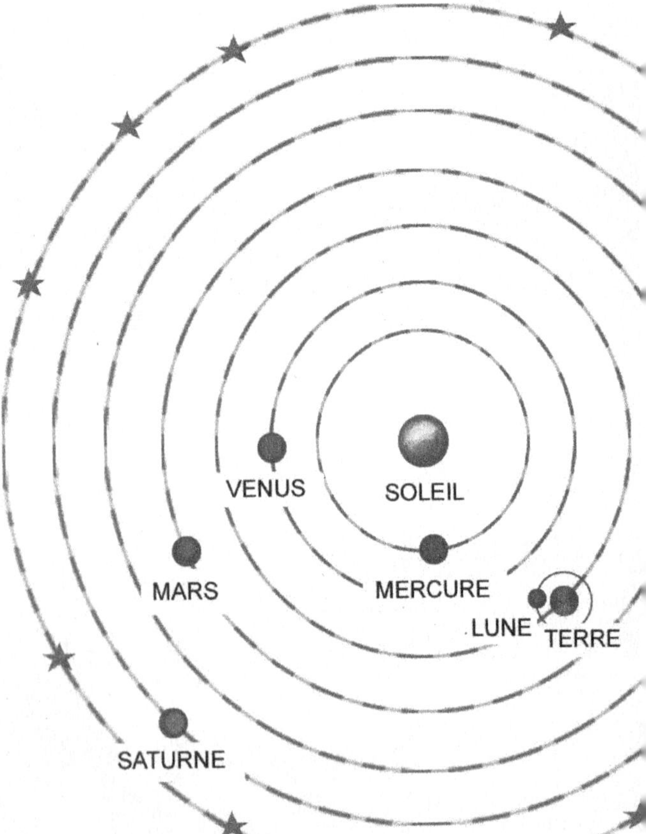
VENUS
SOLEIL
MARS
MERCURE
LUNE
TERRE
SATURNE

En quête de l'infiniment grand

PLANISPHÆRIVM
Sive
ORBIVM MVNDI
PTOLEMA
NO DI
PTOLEMAICVM,
Machina
EX HYPOTHESI
ICA IN PLA
SPOSITA
SEPTEM
PLANETARVM
ORBES

Le cosmos grec

À LA RECHERCHE D'UN PRINCIPE PREMIER DU MONDE

Étonnés devant l'ordre des choses, les penseurs grecs s'interrogent très tôt sur la structure et le principe du monde. Théories infinitistes et finitistes s'affrontent alors. De ces controverses naît une représentation du monde qui s'imposera pendant presque deux millénaires : celle d'un tout ordonné et fini appelé cosmos.

L'infini, comme principe premier

Dès le VIIe siècle avant notre ère, Anaximandre pose l'*apeiron* – l'illimité, l'infini, l'indéfini – comme principe premier de ce monde. Sorte de chaos primitif d'où serait sortie toute chose, l'infini apparaît donc, dans sa première acception, comme une puissance créatrice capable de donner l'être sans être elle-même un être. Étrange paradoxe que le premier penseur de l'infini ait privé ce dernier de l'être !

Une interrogation surgit dès lors : peut-on accepter l'existence de l'infini ? Les premiers penseurs grecs se divisent autour de cette question.

Le finitisme cosmologique de Parménide

Rejetant l'hypothèse du non-être, Parménide se voit contraint de nier l'existence du vide. Selon lui, l'univers est une masse uniforme et dénuée de toute différenciation. Or, contre toute attente, à cette matière continue, à cette étendue que l'on pourrait supposer illimitée, il impose des limites, celles d'une « sphère bien arrondie ». S'apparentant à une balle toute ronde, l'univers est ainsi conçu comme un espace fini.

L'atomisme : une théorie infinitiste

Soucieux de rendre compte de la réalité du devenir, les atomistes font pour leur part présider au monde deux principes : le vide, illimité en extension, et les atomes (fragmentation de l'être parménidien), illimités en nombre. Le mouvement des atomes, à l'origine des corps et des mondes eux-mêmes innombrables, se déroule donc dans un cadre sans borne. L'infini refait surface, pour un temps.

LA CONCEPTION FINITISTE DU COSMOS

Se fondant sur une explication mécaniste de la réalité niant le rôle des dieux dans le gouvernement de l'univers, l'atomisme rencontre dès le IVe siècle l'hostilité de nombre de penseurs. Il se voit ainsi peu à peu occulté des courants de pensée dominants au profit de la conception finitiste du cosmos héritée de Parménide et théorisée par Aristote au IIIe siècle.

La cosmologie d'Aristote : triomphe d'un univers clos

Dans le système d'Aristote, comme dans celui de Pythagore, la Terre, immobile au centre du monde, est entourée d'une succession de sphères cristallines. Contrairement à Pythagore selon qui chaque sphère ne porte qu'une seule planète, Aristote associe chaque planète à plusieurs sphères et peut ainsi rendre compte du mouvement complexe des planètes observé dans le ciel.

Par ailleurs, Aristote distingue clairement deux mondes dans son système :

— le monde sublunaire (incluant la terre et son atmosphère) : règne de l'imperfection et du changement,

— le monde supralunaire (au-delà de la lune) : royaume de la perfection et de l'immuabilité.

L'infiniment grand est donc à exclure du cosmos aristotélicien puisque ce dernier est fini et qu'il ne peut rien exister en dehors de lui.

L'astronomie de Ptolémée

Au IIe siècle de notre ère, le système de Ptolémée améliore celui d'Aristote tout en en conservant l'esprit et les principes.

Pour Ptolémée, les corps célestes ne sont plus liés à des sphères cristallines centrées sur la terre mais se déplacent sur de petits cercles appelés épicycles dont le centre lui-même se déplace en suivant un grand cercle centré sur la Terre, appelé déférent.

Permettant ainsi non seulement de reproduire avec précision les mouvements apparents des corps célestes mais également d'expliquer les variations d'éclat des planètes, le système de Ptolémée fut accepté jusqu'au XVIe siècle.

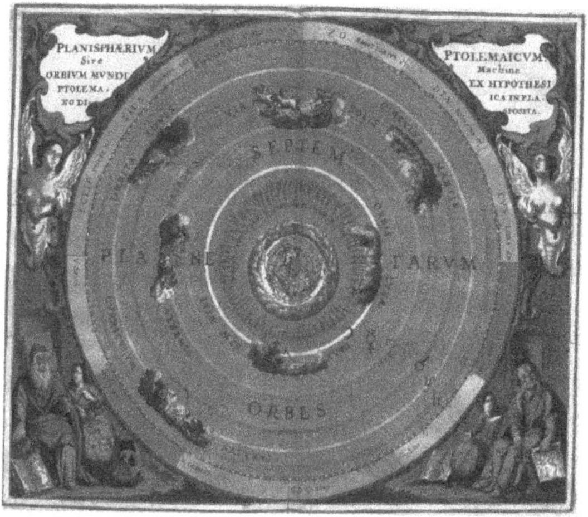

Andréa Cellarius, système solaire de Ptolémé, 1661.

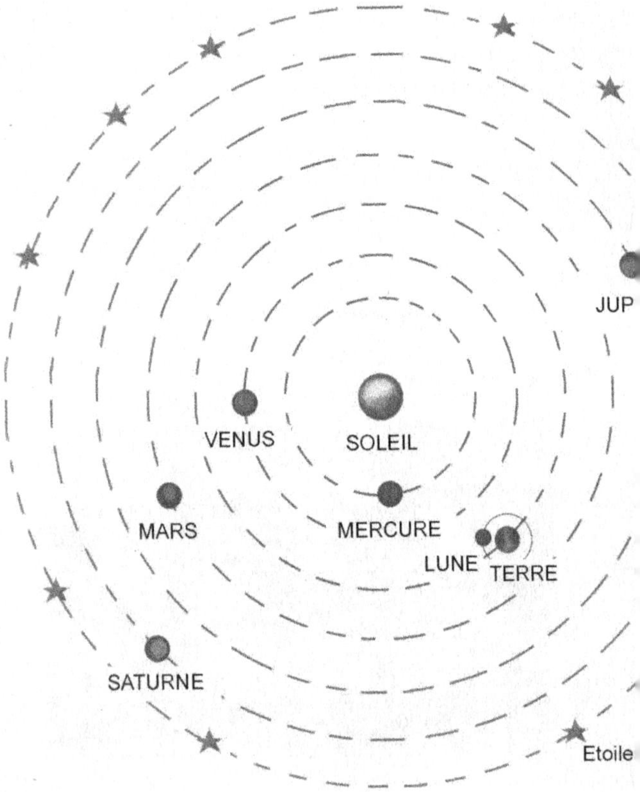
JUP
VENUS
SOLEIL
MARS
MERCURE
LUNE
TERRE
SATURNE
Etoile

Du monde clos à l'univers infini

La cosmologie aristotélicienne remise en question

Dominantes pendant près de vingt siècles, les conceptions aristotélicienne et ptoléméenne du monde subissent les premières attaques à leur encontre au milieu du XVIe siècle : géocentrisme, immuabilité des cieux, mouvement circulaire des planètes sont peu à peu remis en question. Le cosmos grec commence à se fissurer.

Héliocentrisme de Copernic

Intrigué par la lecture d'Aristarque de Samos selon qui la Terre n'occupait pas le centre du monde et par la complexité des calculs astronomiques due au nombre grandissant d'épicycles, Copernic commence à se poser la question de la position de la Terre dans l'univers. Il accumule alors observations

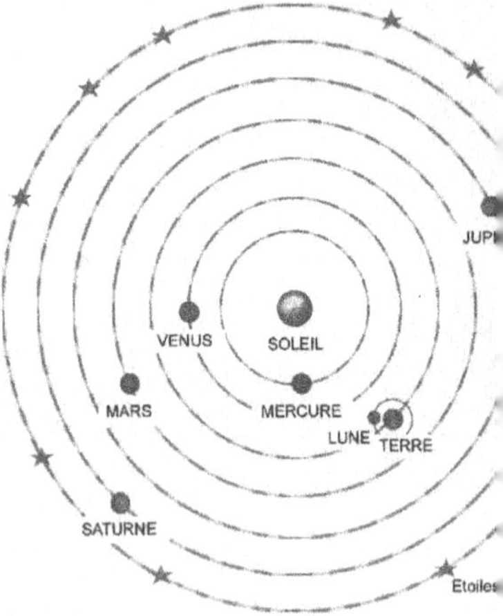

Le système héliocentrique de Cope

des corps célestes et calcul de leur orbite et parvient ainsi à un nouveau système du monde : des cercles concentriques centrés sur le Soleil sur lesquels les objets pouvaient être rangés par ordre croissant de distance au Soleil. Cette thèse selon laquelle ce n'est plus la Terre mais bien le Soleil qui se trouve au centre de l'univers sera rendue publique dans le célèbre *De revolutionibus orbium cœlestium*, publié peu après la mort de Copernic, ce dernier craignant de divulguer ses conceptions. Le mouvement de révolution est lancé !

La disparition des sphères

En 1577, une comète traverse le ciel. Tycho Brahé s'aperçoit que cette comète n'est pas dans l'atmosphère terrestre mais parmi les planètes et qu'elle traverse sans difficulté les sphères célestes. Une conclusion s'impose à lui : les sphères n'existent pas. Une nouvelle brèche s'ouvre alors dans le ciel aristotélicien.

Le mouvement elliptique des planètes

Étudiant les résultats d'observation des planètes collectés par Tycho Brahé dont il fut l'assistant, Kepler porte plus particulièrement son attention sur les irrégularités du mouvement de Mars. Il s'aperçoit rapidement que les orbites circulaires ne rendent pas compte des observations. L'orbite de la planète autour du Soleil consiste plutôt en une ellipse. À l'origine de la première loi de Kepler, cette découverte met fin à la conception circulaire du mouvement des planètes.

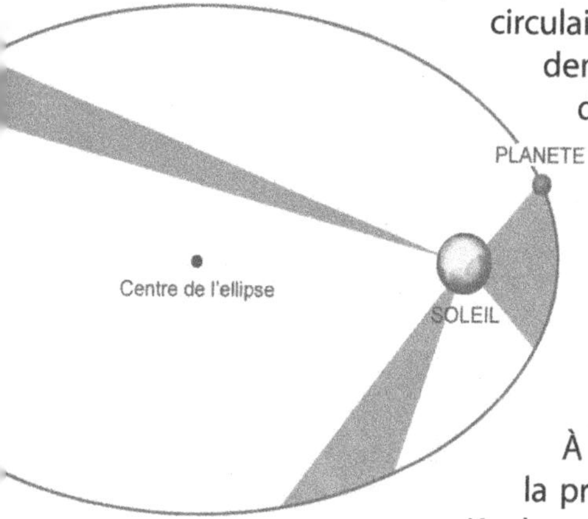

L'ellipse de Kepler.

LA RÉVOLUTION GALILÉENNE

En 1609, Galilée met au point sa première lunette en se fondant sur un dispositif militaire hollandais qui permettait de voir plus gros des objets situés au loin. Muni de cet instrument, il se plonge dans la contemplation de la Lune, de Jupiter et de Vénus. La Lune lui apparaît alors, non plus lisse, mais couverte de cratères et de montagnes, et Jupiter, comme la Terre, semble disposer de satellites. La distinction d'ordre entre les mondes sublunaire et supralunaire n'a donc plus lieu d'être ! Par ailleurs, en observant Vénus, il note un cycle complet de phases semblable à celui de la Lune autour de la Terre et dont seul

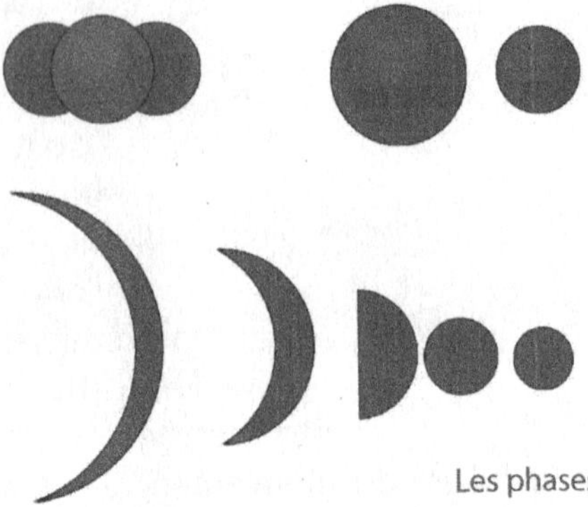

Les phases de Vénus.

le système héliocentrique de Copernic peut rendre compte. En effet, le système aristotélicien plaçant Vénus et le Soleil en orbite autour de la Terre ne peut expliquer les phases observées par Galilée. En revanche, dans le système de Copernic, le Soleil étant au centre et Vénus étant entre la Terre et le Soleil, il est normal que la surface illuminée de Vénus vue depuis la Terre soit changeante en fonction de la position relative de la Terre et de Vénus.

Victoire de Copernic sur Ptolémée

Fort de ses découvertes, Galilée publie en 1632 le *Dialogue sur les deux principaux systèmes du monde*, dans lequel il affirme la supériorité du système copernicien sur le système ptoléméen. Une page de l'histoire de l'astronomie est alors en train de se tourner. Au XVIIe siècle, un nouvel ordre du monde voit ainsi le jour : le cosmos clos des Grecs laisse la place à un univers ouvert. Fini ou infini ? En homme prudent, Galilée, déjà contraint par l'Église d'abjurer en 1635, préfère ne pas se prononcer sur la question. Il se souvient en effet du sort réservé à Giordano Bruno, brûlé pour avoir exposé ses conceptions.

NAISSANCE D'UNE PHYSIQUE MATHÉMATIQUE

En même temps que sa cosmologie, c'est la physique d'Aristote, fondée sur l'idée que tout corps possède un lieu naturel qu'il tend à rejoindre, qui se voit remise en question au XVIIe siècle. En effet, Galilée parvient à saisir au-delà des apparences trompeuses la vérité mathématique du monde physique. Mais de quelle(s) vérité(s) s'agit-il ?

La relativité galiléenne

Dans une expérience de pensée célèbre, Galilée imagine un navire se déplaçant à vitesse constante par mer calme. Si du haut du mât de ce navire on lâche un boulet, ce dernier tombe au pied du mât comme si le bateau était à quai. Les lois de la mécanique sont donc les mêmes dans le référentiel défini par le bateau et dans celui défini par le rivage.

Par ailleurs, si un papillon vole à bord de ce navire, sa vitesse vue du quai est égale à la somme de sa vitesse et de celle du bateau.

Le principe d'inertie

C'est en étudiant le mouvement de billes roulant sur des plans d'inclinaison variable, que Galilée en vint à découvrir le principe d'inertie. Il observe en effet qu'une bille abandonnée sans vitesse initiale en haut d'un plan incliné remonte jusqu'à la même hauteur sur un second plan. Si l'on diminue l'inclinaison de ce dernier, la bille va de plus en plus loin et ne s'arrête donc pas si le plan est horizontal et que l'on néglige les frottements. Résultat qu'il n'a pu vérifier expérimentalement : un plan infini n'existant pas, il parvient par extrapolation à cette conclusion.

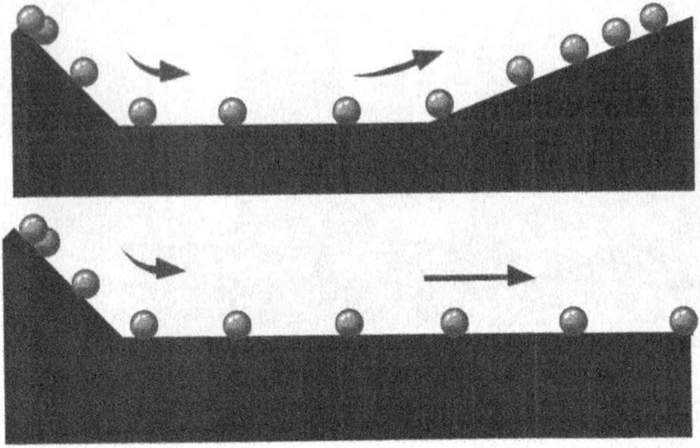

La chute des corps

Selon la légende, c'est du haut de la tour de Pise que Galilée laisse tomber un boulet de canon et une sphère de bois afin d'expérimenter la chute des corps. Que constate-t-il alors ? Que les deux corps touchent le sol en même temps. Qu'en déduit-il ? Que tous les corps, quelles que soient leur masse et leur densité, chutent de la même façon.

On sait qu'en réalité c'est en effectuant des expériences sur des plans inclinés qu'il découvre la loi de la chute des corps. En effet, il s'aperçoit qu'à des plans de longueurs 1, 4, 9 et 16 correspondent des durées de chute 1, 2, 3 et 4. Il en déduit que la distance parcourue par un corps est proportionnelle au carré du temps écoulé.

NAISSANCE D'UN UNIVERS INFINI

Newton est souvent considéré comme le « premier physicien moderne ». C'est en effet lui qui précise, avec ses trois fameuses lois, la relation initiée par Galilée entre force et mouvement et qui réconcilie, par la loi de gravitation universelle, mécaniques terrestre et céleste.

Loi de la gravitation universelle

Au XVIIe siècle, les mouvements des corps célestes obéissent aux lois de Kepler et ceux des corps terrestres aux lois de Galilée. Newton s'interroge : pourquoi certains corps tournent-ils alors que d'autres chutent ? Pour répondre, il imagine un canon à la surface de la terre qui tire un boulet en ligne droite parallèlement au sol avec une très grande vitesse. Le boulet commence à suivre la ligne de tir puis s'en éloigne pour chuter. Or, à cette vitesse le sol courbe s'éloigne plus vite que le boulet ne chute. Ainsi, le boulet n'atteint jamais le sol. Soit il est satellisé, soit il part dans l'espace. De la même manière, la lune est un corps qui chute vers la Terre mais ne l'atteint jamais compte tenu de sa vitesse et de son éloignement. Newton étend cette découverte à tous les corps massifs et aboutit ainsi à la loi de la gravitation universelle.

Combinée à ses trois lois du mouvement, l'expression de la gravitation universelle lui permet de retrouver par le calcul les trois lois képlériennes sur le mouvement des planètes : physiques terrestre et céleste sont enfin réconciliées.

Plus la vitesse initiale du boulet est grande, plus il retombe loin et plus la courbure de la terre devient visible.

Les 3 lois de Newton

Principe d'inertie :
Tout corps qui n'est soumis à aucune force persévère dans son état de repos ou de mouvement uniforme *en ligne droite*.

Principe fondamental de la dynamique :
Les changements de mouvement sont proportionnels à la force motrice et se font dans le sens de la force appliquée.

Loi des actions réciproques :
À toute action d'un corps sur un autre correspond une réaction égale et opposée.

Avec Newton, l'univers devient infini

Dans la physique moderne, l'espace physique devient mathématique et est identifié à celui de la géométrie euclidienne dont il emprunte les propriétés (continuité, infinité, tridimensionnalité, homogénéité). L'univers, espace absolu pour Newton, constitue donc un espace neutre, infini en étendue, un cadre réel qui existe indépendamment des objets qui s'y trouvent ou des événements qui s'y produisent.

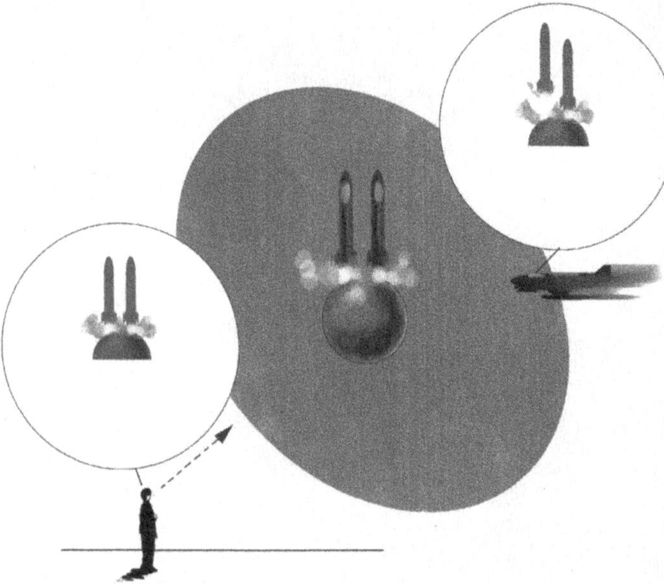

De la relativité restreinte à la relativité générale

LA RELATIVITÉ RESTREINTE : EINSTEIN, LE TEMPS ET L'ESPACE

En 1905, Einstein établit la théorie de la relativité restreinte et résout ainsi le problème de l'invariance de la vitesse de la lumière. Cette théorie modifie profondément la conception de l'espace et du temps héritée de Galilée et de Newton. Il est désormais impossible de considérer l'espace et le temps de manière absolue et indépendante.

Le paradoxe : une vitesse de la lumière constante

À la fin du XIXe siècle, Maxwell établit une théorie électromagnétique dont les équations prédisent que, quel que soit le référentiel galiléen choisi (au repos ou en mouvement), la vitesse de la lumière demeure constante. En parfaite opposition avec la loi galiléenne d'addition des vitesses mais confirmés par les expériences de Michelson et Morley, ces résultats incitent de nombreux physiciens à imaginer les raisons de cette contradiction.

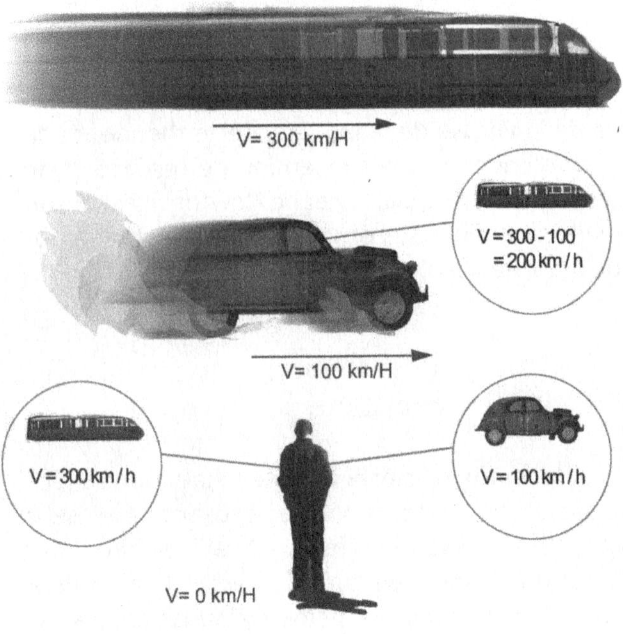

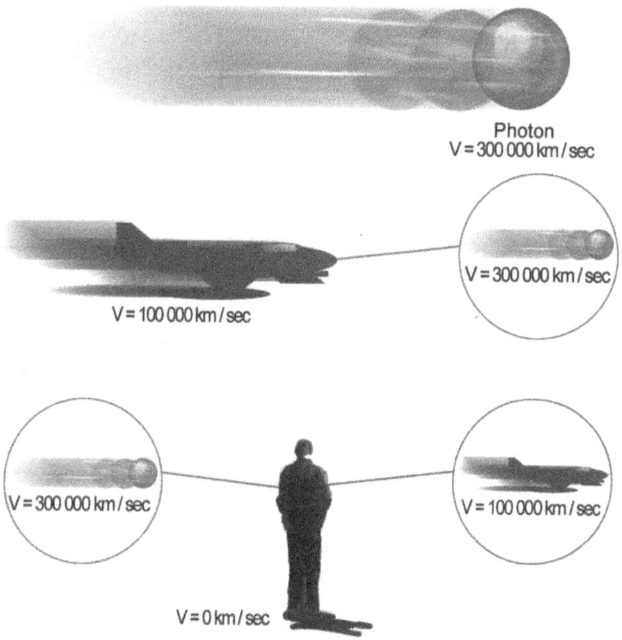

◄ ▲ Quel que soit le référentiel où se trouve l'observateur, la vitesse de la lumière est constante. Une contradiction avec la loi d'addition des vitesses de Galilée.

Le temps est relatif

Lorentz, physicien de la fin du XIXe siècle, modifie les équations de transformations de Galilée (formules mathématiques permettant de passer d'un référentiel à un autre). Il aboutit ainsi à l'invariance de la vitesse de la lumière : quel que soit le référentiel choisi, la vitesse de la lumière demeure constante. Il ne réussit pas pour autant à justifier clairement la validité de ses équations et est contraint de faire appel au concept d'éther.

Einstein y parvient en 1905 en modifiant profondément nos cadres de pensée. Puisque personne n'est en mesure de donner une description concrète de l'éther, il décide d'évacuer ce concept. Prenant comme postulat la constance de la vitesse de la lumière, il déduit la transformation de Lorentz d'où découlent contraction des longueurs et dilatation du temps. Ainsi, il établit que l'écoulement du temps et la mesure des longueurs ne sont pas absolus mais relatifs au référentiel galiléen choisi. Les phénomènes physiques ne se déroulent donc pas dans un espace et un temps indépendants l'un de l'autre mais dans un espace-temps où temps et espace sont intimement liés.

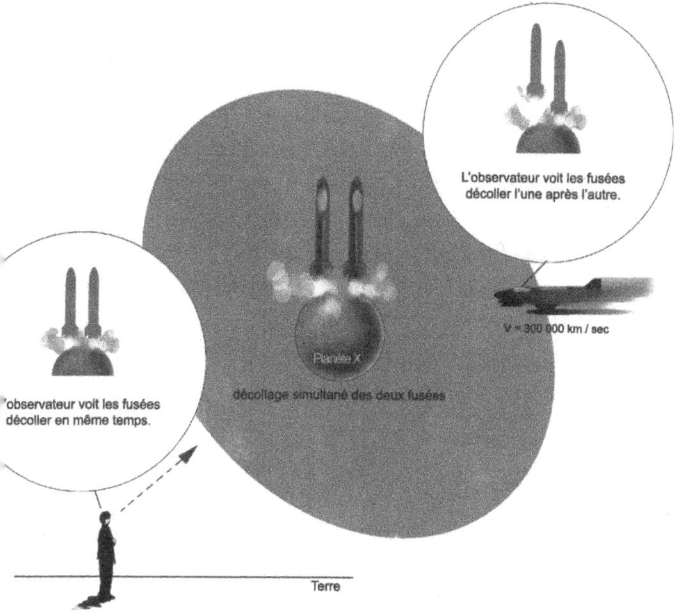

Les variations de l'écoulement du temps ne sont significatives qu'à des vitesses proches de celle de la lumière. À des vitesses plus petites, les équations de Galilée, bien qu'approximatives, permettent de rendre compte des phénomènes.

LA RELATIVITÉ GÉNÉRALE : EINSTEIN, L'ESPACE-TEMPS ET LA MATIÈRE

Si l'espace et le temps doivent désormais être conçus conjointement, l'espace-temps reste quant à lui un cadre *a priori* pour penser la matière. Plus pour très longtemps... En effet, en voulant étendre le principe de relativité aux référentiels non galiléens, Einstein énonce, en 1915, sa célèbre théorie de la relativité générale. Nouveau bouleversement de notre conception spatio-temporelle puisque selon cette théorie, la matière déforme l'espace-temps.

La relativité générale : une nouvelle explication de la gravitation

Si la théorie de Newton permettait de rendre compte et de prédire de nombreux phénomènes (rotation de la Lune autour de T, attraction terrestre...), certaines mesures, comme l'avance de périhélie de Mercure, demeuraient inexpliquées. Plus problématique encore, le fait que selon cette théorie, la gravitation soit une force qui se transmette instantanément.

Einstein dépasse ces difficultés en découvrant que l'espace-temps n'est pas un cadre *a priori* mais que matière et énergie interagissent avec lui. De la sorte, l'espace-temps est déformé, courbé par la matière : plus la densité de matière en un point est importante, plus l'espace-temps est déformé localement. La gravitation s'apparente dès lors à une simple manifestation de cette courbure de l'espace-temps.

Un peu de géométrie

La théorie de la relativité générale, bien que théorie physique, ne peut être pensée sans le recours à une nouvelle géométrie. En effet, toutes les théories précédant celle d'Einstein s'enracinaient dans une conception classique de l'espace (l'espace euclidien) et s'expliquaient par la géométrie euclidienne. Or, au cours du XIXe siècle, suivant la voie ouverte par Gauss, trois mathématiciens construisent des géométries courbes (non euclidiennes) : géométrie hyperbolique de Lobatchevsky et Bolyai et géométrie elliptique de Riemann. Ce dernier introduit également le tenseur de courbure qui permet de mesurer la courbure d'un espace.

Comment distinguer géométries euclidienne et non euclidienne

La géométrie euclidienne est fondée sur le postulat que par un point extérieur à une droite ne passe qu'une seule parallèle à cette droite. Dans le cas des géométries courbes, ce postulat est faux. Selon la courbure, soit aucune « droite » parallèle ne passe par ce point (géométrie hyperbolique), soit une infinité de « droites » y passe (géométrie elliptique).

Autre point marquant : la somme des angles d'un triangle n'est pas toujours égale à 180° !

NAISSANCE D'UNE COSMOLOGIE RELATIVISTE

Outre son impact sur la physique moderne, la théorie de la relativité ouvre une nouvelle voie pour la cosmologie. Elle est à l'origine de tous les modèles actuels et le premier à l'appliquer à la cosmologie n'est autre qu'Einstein lui-même.

► La courbure de l'espace est nulle. La somme des angles d'un triangle est égale à 180°. C'est un espace plane euclidien.

► La courbure de l'espace est positive. La somme des angles d'un triangle est supérieure à 180°. C'est un espace elliptique non euclidien.

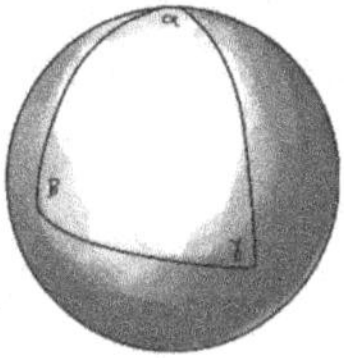

► La courbure de l'espace est négative. La somme des angles d'un triangle est inférieure à 180°. C'est un espace hyperbolique non euclidien.

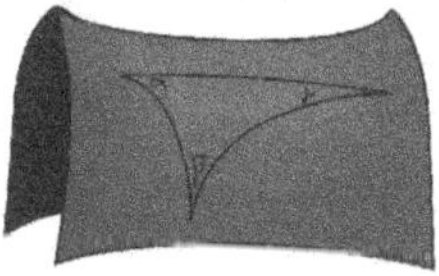

Modèle finitiste d'Einstein

Einstein comprend en 1917 qu'il dispose, avec la théorie de la relativité générale, d'un outil idéal pour l'étude du cosmos.

En résolvant les équations de sa théorie, il trouve une solution selon laquelle l'univers serait fini et statique. Pour ce faire, il est contraint d'introduire une constante cosmologique, traduction de forces répulsives agissant dans l'univers. En effet, sous l'action de la gravitation (manifestation de la courbure de l'espace-temps), l'univers devrait logiquement s'effondrer sur lui-même. C'est donc pour éviter cet effondrement qui s'oppose au bon sens, qu'Einstein a recourt à une constante cosmologique.

C'est la première fois depuis Newton que l'hypothèse d'un univers fini est reformulée !

Le paradoxe de la finitude de l'univers

Au ve siècle, Archytas de Tarente, pythagoricien, énonce le paradoxe d'un univers fini. Pour ce faire, il imagine un homme qui serait placé à l'extrémité du ciel. Peut-il allonger son bras ou un bâton ? Il serait absurde de penser qu'il ne puisse pas le faire. Or, s'il le peut, ce dans quoi il allonge son bras ou son bâton est soit de l'espace soit un corps. Il s'avère donc toujours possible d'aller au delà de la limite fixée à l'univers. L'univers ne peut être logiquement borné sans qu'il n'y ait paradoxe. Cet argument ne cessera d'animer les débats cosmologiques et d'alimenter les hypothèses en faveur d'un espace infini.

Le paradoxe dépassé

Le modèle cosmologique fini proposé par Einstein ne se heurte pourtant pas au paradoxe d'Archytas.

Ce modèle se fonde sur un espace-temps dont la courbure est positive. C'est, par exemple, le cas d'une sphère qu'il suffit de s'imaginer pour comprendre la résolution du paradoxe. Pour plus de familiarité, prenons la Terre. Un homme qui se déplacerait sur Terre toujours dans la même direction (en quelque sorte en ligne droite) reviendra, après une longue marche, à son point de départ sans avoir jamais été arrêté par une frontière infranchissable. Pour autant, la terre est bien un espace fini. Il est donc possible de concevoir un univers fini sans bord.

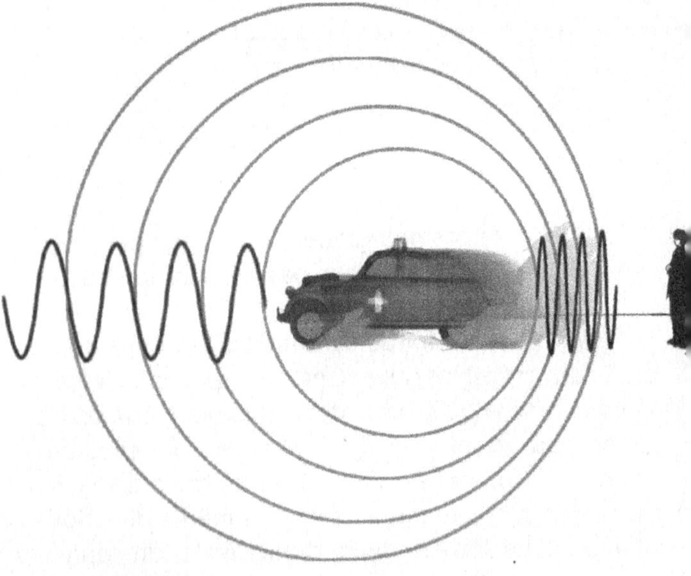

L'Univers en expansion

UN UNIVERS EN EXPANSION

Si Einstein a raison d'appliquer la théorie de la relativité générale à la cosmologie, il commet malgré tout une erreur en imaginant un univers statique. En effet, les observations du début du XXe siècle indiquent que notre univers est en expansion !

Les nébuleuses : des galaxies hors de notre Voie lactée

En 1923, l'astronome Edwin Hubble se penche sur l'étude des nébuleuses. Ses calculs et ses observations lui permettent d'affirmer que la nébuleuse d'Andromède se situe à l'extérieur de notre galaxie. Petite révolution dans le monde de l'astronomie qui étend largement les limites de notre univers : bon nombre des nébuleuses observées qu'on croyait appartenir à notre galaxie se révèlent être en fait des galaxies situées plus ou moins loin de notre Voie Lactée.

Le calcul des distances dans l'univers grâce à l'observation des céphéides

Les céphéides sont des étoiles dont la luminosité change au cours du temps selon une période bien déterminée. Or, les astronomes se sont aperçus que cette période était directement reliée à la luminosité intrinsèque de la céphéide. Ainsi, si on observe une céphéide dont la luminosité apparente est différente de la luminosité que nous indique sa période, on ne peut expliquer cette baisse de luminosité que par l'éloignement de cette étoile. En comparant la luminosité apparente et intrinsèque d'une céphéide, les astronomes peuvent donc, par un calcul simple, connaître la distance à laquelle elle se situe.

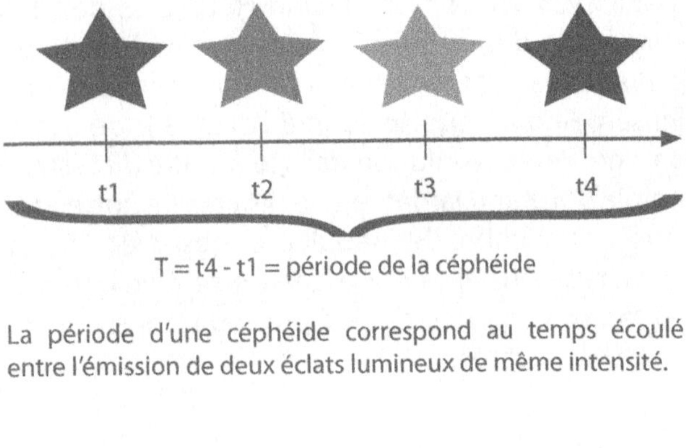

La période d'une céphéide correspond au temps écoulé entre l'émission de deux éclats lumineux de même intensité.

Comment « voir » qu'une galaxie s'éloigne ?

Quand une ambulance s'éloigne, le bruit de sa sirène nous apparaît plus grave qu'il n'est en réalité. C'est l'effet Doppler. Un effet similaire se produit également pour les ondes lumineuses. Si une galaxie émet une lumière décalée vers le rouge par rapport au spectre qu'elle devrait avoir, on peut conclure avec certitude qu'elle s'éloigne de la nôtre.

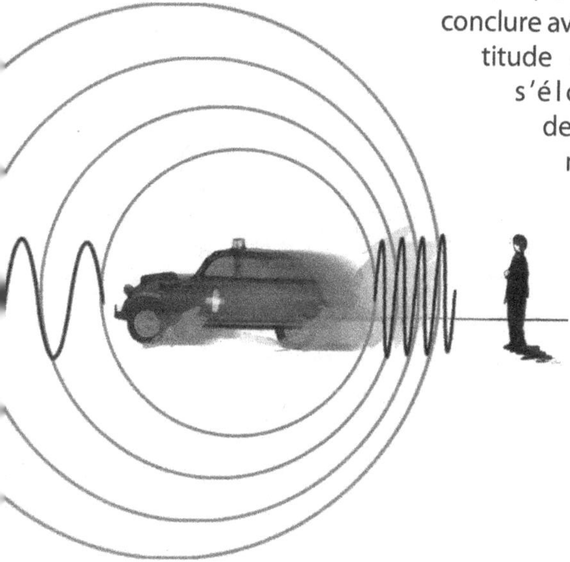

Les galaxies s'éloignent, l'univers s'étend

L'observation de galaxies hors de notre Voie Lactée n'est pas la découverte majeure de Hubble. En effet, suite à ses propres observations et à celles de Slipher qui indiquent qu'un grand nombre de galaxies émettent une lumière décalée vers le rouge, il conclut que les galaxies s'éloignent les unes des

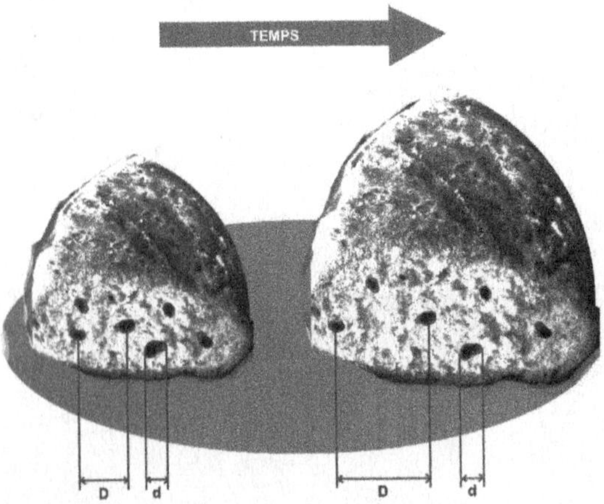

Représentation métaphorique de l'expansion de l'univers : le gâteau représente notre univers, la pâte notre espace tridimensionnel et les grains de raisin les galaxies. Lors de sa cuisson, la pâte du gâteau gonfle et les grains de raisin s'éloignent les uns des autres.

autres selon une loi mathématique linéaire. Ainsi la loi de Hubble indique que la vitesse d'éloignement d'une galaxie est proportionnelle à la distance qui la sépare de notre Voie Lactée prise comme point de référence.

Conséquence directe de cette découverte : l'univers est en expansion. En effet, toutes les galaxies, hormis les plus proches de la nôtre qui connaissent des mouvements aléatoires, s'éloignent.

MODÈLE RELATIVISTE D'UN UNIVERS EN EXPANSION

Des solutions aux équations de la théorie de la relativité compatibles avec les observations de Hubble ont rapidement été trouvées. Pour autant, la théorie de la relativité ne permet pas de trancher définitivement entre les différents modèles d'univers.

Limites et évolution de notre univers selon la relativité

La théorie de la relativité générale est compatible avec l'expansion de l'univers. En effet, Friedman (mathématicien) puis Lemaître (physicien astronome) découvrent des solutions aux équations d'Einstein selon lesquelles l'univers se contracte ou se dilate. Ces solutions prévoient différents scénarios quant à la finitude ou l'infinitude de l'univers et son évolution.

Pour connaître le scénario qui s'applique à notre univers, il faut déterminer la courbure de l'espace. Or cette courbure dépend de la densité moyenne de matière et d'énergie contenue dans l'espace et d'une constante dite constante cosmologique qui traduit les forces répulsives à l'œuvre dans l'univers.

D'après les observations du satellite WMAP, notre univers posséderait une géométrie euclidienne (courbure nulle). Ainsi, bien que localement déformé par la présence de matière, l'espace-temps serait plat à l'échelle de l'univers. Pour autant la question de sa finitude ou de son infinitude reste toujours posée.

Notions de topologie

La topologie est la branche de la géométrie qui traite de la forme globale des espaces. Les espaces de même courbure mais de topologies différentes peuvent se déduire les uns des autres par déformation continue sans découpage, ni déchirure. Pour simplifier, prenons l'exemple d'une surface (deux dimensions) comme celle d'un plan.

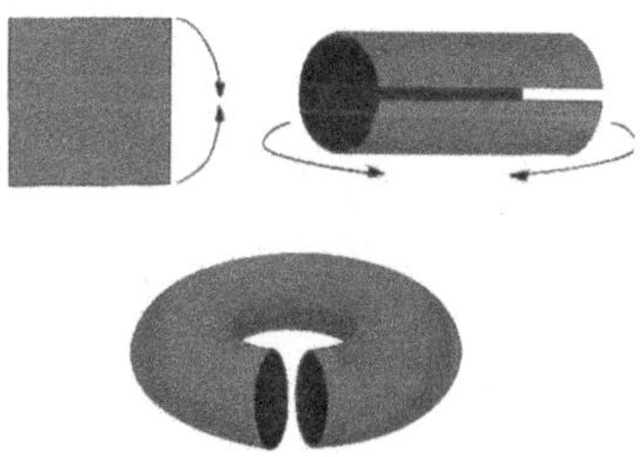

En joignant deux bords parallèles d'un rectangle, on obtient un cylindre. Si on réunit maintenant chacun des bords parallèles du cylindre, on obtient un tore. Ainsi, à partir d'un simple rectangle, on a obtenu trois espaces de topologies différentes mais de courbure nulle.

Fini ou infini : une question de topologie

Une fois la courbure de l'espace-temps connue, il est *a priori* simple de déterminer s'il est fini ou infini. En effet, les espaces sphériques (courbure positive) sont nécessairement finis et les espaces euclidiens (courbure nulle) et hyperboliques (courbure négative) *a priori* infinis. Oui mais... si l'on tient compte de la topologie, le problème se complique : les espaces euclidiens et hyperboliques peuvent dans certains cas être finis. Pour trancher quant à la finitude ou l'infinitude de notre univers, la détermination de la courbure de l'espace-temps ne suffira donc pas. Il nous faudra également connaître sa forme.

Le modèle du Big Bang

L'hypothèse du Big Bang

De l'expansion de l'univers à l'hypothèse du Big Bang, il n'y avait qu'un pas, franchi par Lemaître en 1931. Si logique que soit l'hypothèse, elle eut pourtant beaucoup de mal à s'imposer, les physiciens lui préférant dans les années 40 une théorie alternative. Il faudra attendre les travaux de Gamov pour que commence à être réhabilitée cette hypothèse.

L'idée de Lemaître

Si l'univers se dilate dans le temps, en remontant dans le passé, on devrait au contraire constater sa contraction. En poussant à son extrême cette idée, Lemaître émet l'hypothèse audacieuse de l'« atome primitif », état initial singulier durant lequel notre univers devait être très dense. Tous les constituants de notre univers auraient été formés suite à la désintégration de cet atome primitif. Pour accorder sa théorie avec l'âge des plus vieux éléments de notre univers, il imagine également une première phase explosive induisant une expansion très rapide de l'univers.

Anecdote

Ironie de l'histoire, c'est Fred Hoyle, tenant de la théorie de l'état stationnaire, qui est à l'origine du terme de Big Bang. En effet, lors d'une émission de radio, il utilisa ce terme signifiant « gros boum » pour railler l'hypothèse de Lemaître. L'expression allait s'imposer et le modèle aussi !

L'éternité de l'univers privilégiée

L'hypothèse d'un univers condensé, qui semble logique et concorder avec l'expansion constatée, eut énormément de mal à s'imposer.

En effet, dans les années 40, la théorie alternative de la « création continue » ou théorie de l'état stationnaire triomphe. Selon elle, la dilution de matière consécutive à la fuite des galaxies serait compensée par la création continue de matière à partir du vide. Conservant constante la densité moyenne de matière, l'univers serait, dans un tel modèle, stationnaire et éternel.

Gamow réhabilite le modèle de Lemaître

Grâce aux travaux sur l'origine des particules de Gamow, spécialiste de physique nucléaire, le modèle du Big Bang regagne en crédibilité. Il précise que, lors de ses premières phases, notre univers devait être non seulement très dense mais également très chaud. La théorie de Gamow prévoit même que les vestiges de cette très forte chaleur devraient être décelables sous la forme d'un rayonnement thermique de 5 °K. Ne restait plus, pour confirmer le modèle du Big Bang, qu'à en déceler la trace !

LE FOND DIFFUS COSMOLOGIQUE, VESTIGE DU BIG BANG

Le modèle du Big Bang s'impose définitivement au début des années 60 grâce à l'observation du fond diffus cosmologique, trace du rayonnement initial prédite par Gamow. Plus saisissant encore, cette observation permet aux physiciens d'évaluer l'âge de notre univers.

Le « premier cri de l'univers »

En 1963, Penzias et Wilson, deux radioastronomes américains, observent fortuitement un rayonnement micro-onde présent dans toutes les directions. Ce rayonnement radio correspond en fait au fond diffus cosmologique prédit par le modèle du Big Bang.

À ses débuts, l'univers était très chaud, les électrons et les protons étaient libres et les photons émis réabsorbés immédiatement par les électrons. L'univers était alors opaque. Suite à la baisse de température (due à l'expansion de l'univers), vers 380 000 ans après le Big Bang, les électrons ont pu former des atomes en s'associant aux protons et les photons se propager sans être absorbés. À partir de ce moment, l'univers est devenu transparent.

Le fond diffus cosmologique n'est autre que la trace très atténuée et refroidie (2,7 °K) de l'émission de ces photons. En observant ce rayonnement fossile, on voit donc ce qu'il y a de plus ancien dans notre univers (ce qui lui est antérieur demeure invisible). C'est pour cette raison que de nombreux satellites tentent d'en percer les mystères.

▶ Brève histoire de l'univers du Big Bang à nos jours. © WMAP.

Un univers âgé de 13,7 milliards d'années

En 2003, grâce au satellite WMAP qui a livré des images très fines du fond diffus cosmologique, des chercheurs ont pu préciser la valeur de la constante de Hubble, à savoir la vitesse d'expansion de l'univers en fonction du temps. Connaissant la valeur de cette constante et la distance nous séparant de certaines galaxies très éloignées, ils ont déterminé depuis combien de temps ces galaxies s'éloignent de nous et donc l'âge de l'univers : 13,7 milliards d'années. Estimation sans précédent puisque la marge d'erreur est seulement de 1 % !

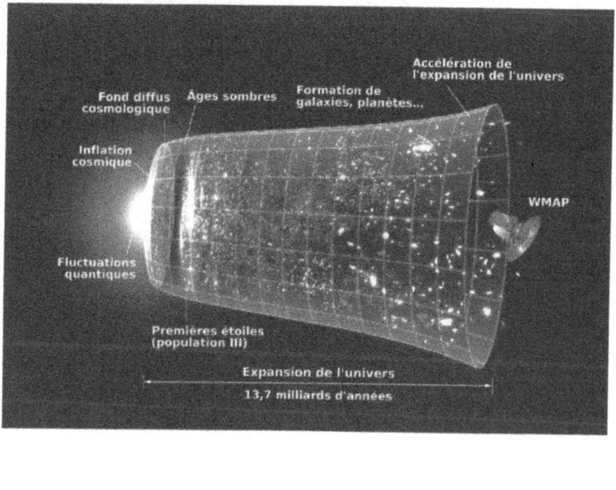

Le paradoxe de la nuit noire

Pourquoi le ciel est-il noir la nuit alors que, quelle que soit la direction où nous portons notre regard, nous devrions rencontrer une étoile ? Ce paradoxe d'Olbers, vrai dans un univers infini, homogène et éternel, se voit résolu dans le cadre de la théorie du Big Bang qui, sans trancher la question de l'infinité de l'univers et en admettant son homogénéité, nie son éternité. L'univers ayant 13,7 milliards d'années, depuis sa naissance, la lumière n'a pu parcourir qu'une distance finie de 13,7 milliards d'années-lumière. La lumière émise par les galaxies situées au-delà de cette distance ne pouvant nous parvenir, notre ciel demeure sombre par endroit.

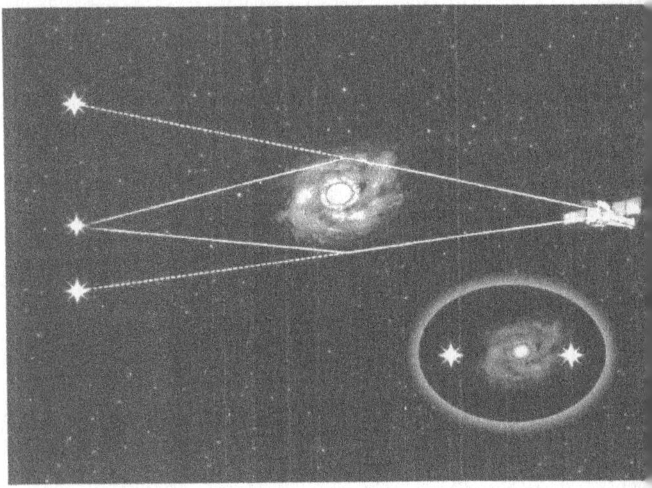

Les énigmes de l'Univers

Le modèle du Big Bang et la théorie de la relativité générale semblent bien rendre compte de l'évolution de notre univers. Néanmoins pour les valider définitivement, il faudra encore résoudre un certain nombre d'énigmes. Quelles sont aujourd'hui les « zones sombres » de notre univers ?

LA COMPOSITION DE NOTRE UNIVERS

Selon la théorie de la relativité, la courbure de l'espace-temps modifie le trajet de la lumière. Or ce trajet n'étant pas ou peu déformé pour les galaxies lointaines, il semblerait que notre univers soit plat. Cette platitude de l'univers correspond à une densité critique de matière dont la valeur est connue et qui ne correspond pas à la densité de matière visible. En plus de cette matière visible, les scientifiques postulent donc l'existence de matière noire et d'énergie noire dont ils sont désormais capables d'évaluer les proportions. En effet, de nombreuses observations, portant sur divers objets (fond cosmologique, mouvement des galaxies, propriétés des gaz chauds des galaxies) ont indiqué de manière très précise que notre univers devait être composé à 4 % de matière ordinaire, 23 % de matière noire et 73 % d'énergie noire. La plus récente étude, confirmant ces chiffres, a été effectuée par le satellite WMAP en 2006. Lancé en juin 2001, il a fourni de nombreuses cartes du fond cosmologique dont la dernière a permis d'établir avec une précision jamais égalée la composition de l'univers.

LA MATIÈRE NOIRE

Les astrophysiciens ne peuvent pas observer directement la matière noire car elle n'interagit pas ou très peu avec les rayonnements électromagnétiques et n'émet donc pas de lumière. S'ils ont toutefois pu indirectement la détecter, entre autre grâce au phénomène de lentille gravitationnelle, il leur reste encore à l'identifier. Deux pistes complémentaires sont envisagées :

— la matière noire baryonique, constituée des mêmes éléments que notre matière ordinaire mais tellement refroidie qu'elle n'émettrait plus de lumière.

— la matière noire non baryonique, constituée de particules électriquement neutres - les Wimps - n'interagissant que très faiblement avec les rayonnements et donc très difficile à détecter.

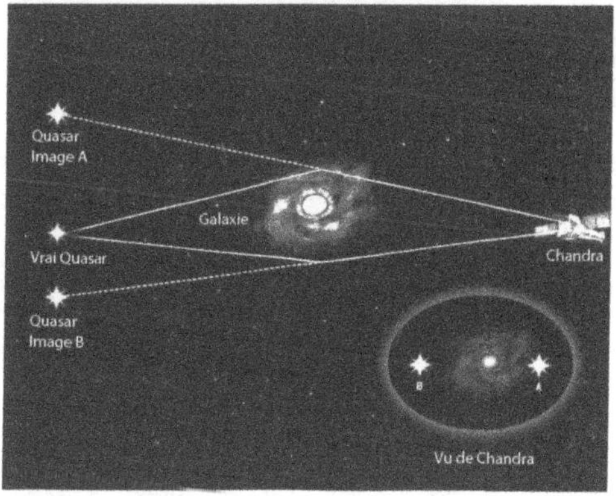

Une lentille gravitationnelle est un objet massif situé entre une source lumineuse et un observateur. La densité de matière de la lentille induit une déformation du trajet de la lumière émise par la source. Les déformations constatées indiquent souvent que la densité de matière ne peut être attribuée à la seule matière visible. © Nasa / Chandra.

Dispositif Antares visant à détecter des neutrinos (particules électriquement neutres et de masse très faible). Ils ont longtemps été considérés comme les candidats favoris mais on sait à présent que leur masse est trop faible pour rendre compte à eux seuls de la quantité de matière noire. © Antares / François Montanot.

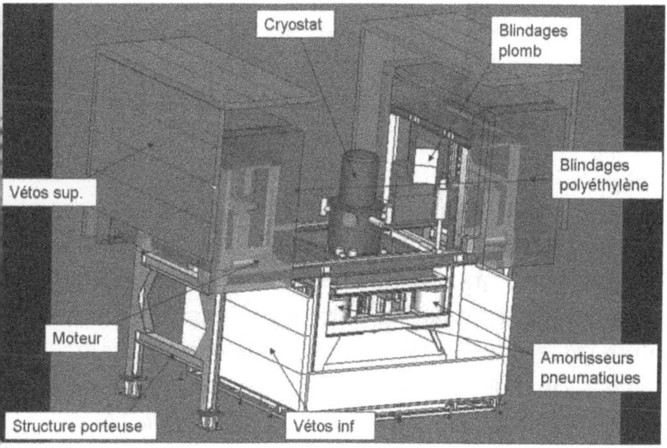

Schéma du dispositif Edelweiss II qui vise à détecter les infimes « chocs » entre des Wimps et les noyaux atomiques du germanium de détecteurs enfouis dans le sous sol afin d'éviter le parasitage du à la radioactivité naturelle et au rayonnement cosmique. Cette expérience réalisée au laboratoire souterrain de Modane tentera de mettre en évidence l'existence de neutrinos. © Edelweiss.

ACCÉLÉRATION DE L'EXPANSION ET ÉNERGIE NOIRE

En 1998, les astrophysiciens constatent que le spectre de lumière émis par des supernovæ de type Ia se révèle plus décalé vers le rouge que prévu par la loi de Hubble. Une seule explication possible : l'expansion de l'univers s'accélère. Pour rendre compte de ce phénomène, les scientifiques ont recours à l'énergie noire qui jouerait le rôle d'une force répulsive à grande échelle capable de surmonter la force gravitationnelle. Pour autant cette énergie noire reste bien mystérieuse. On en saura certainement plus grâce aux observations (d'une précision sans précédent) du satellite Planck, lancé le 14 mai 2009.

L'HYPOTHÈSE DE L'INFLATION

L'observation du fond cosmologique a montré qu'il était particulièrement homogène : sa température de 2,7 °K connaît des variations inférieures au cent millième. Les cosmologues se sont longtemps interrogés sur cette homogénéité qui laisse supposer que des parties très éloignées de l'univers aient pu échanger des informations et être causalement liées. L'hypothèse privilégiée aujourd'hui est celle de l'inflation. Selon elle, vers 10^{-30} seconde, l'univers aurait grandi d'un facteur 10^{50} en libérant une grande quantité d'énergie. Par comparaison, notre univers n'a ensuite grandi que d'un facteur mille en 13,7 milliards d'années. Avant la phase inflationnaire, l'univers étant très petit, les informations ont pu être échangées malgré un laps de temps très bref. À ce moment, toutes les parties de l'univers étaient donc causalement liées ce qui explique l'homogénéité actuelle du fond cosmologique.

En quête de l'infiniment petit

L'ATOMISME GREC

LA NAISSANCE DE L'ATOMISME

À l'instar des conceptions cosmologiques, les premiers modèles atomistes naissent dans le monde grec de l'ambition de trouver une description adéquate du monde. Ainsi, au IVe siècle avant notre ère, c'est en tentant de rendre compte de l'idée de changement, niée par l'école parménidienne alors dominante, que Leucippe et Démocrite postulent pour la première fois l'existence de l'atome.

L'être Un et immobile de Parménide

Considéré aujourd'hui encore comme l'un des pères fondateurs de la pensée occidentale, Parménide affirme au Ve siècle avant notre ère l'unité de l'être et son immobilité. Que faut-il entendre par là ? Son argument est simple. L'être ne peut subir de changement qu'en étant mélangé à quelque chose d'autre que lui-même. Ce « quelque chose d'autre », il l'appelle non-être. L'être ne subira donc de changement qu'en étant mélangé à du non-être. Or le non-être n'est pas, seul l'être est. Tout changement et, par voie de conséquence, tout mouvement se révèlent donc impossibles.

Le défi grec : rendre compte du changement

Imparable d'un point de vue logique, l'argument parménidien contredit néanmoins radicalement l'expérience sensible du mouvement, chère à Héraclite. Comment contredire Parménide et rendre compte du changement ? Telle est la question à laquelle doivent se confronter tous les penseurs grecs à partir du ve siècle avant notre ère.

La solution atomiste : le vide et les atomes

Familiers des raisonnements de Zénon et notamment des paradoxes tendant à prouver que le mouvement est impossible, Leucippe d'Abdère et Démocrite, son disciple, se penchent très tôt sur la question du devenir. Pour ce faire, ils n'hésitent pas à rompre avec les préceptes parménidiens. Le non-être, dont Parménide nie l'existence, est ainsi réhabilité sous la forme de quelque chose, appelé vide, qui n'est pas constitué de matière mais qui peut contenir la matière. L'être Un reste unique mais, compte tenu de l'existence du vide, il peut se diviser en une multitude de fragments insécables de formes variées appelés atomes (*atomos*, en grec, qui signifie indivisible). Ces atomes, en nombre illimité et de formes très différentes, permettent par leurs divers arrangements, d'expliquer le changement. Deux principes invisibles prévalent donc à la théorie atomiste naissante – le vide et les atomes – et suffisent à rendre compte du devenir à l'œuvre dans le monde. Emportés en un grand tourbillon, les atomes donnent en effet naissance aux quatre éléments composés : l'eau, la terre, l'air et le feu.

L'ATOMISME ÉPICURIEN

Se fondant sur une explication mécaniste du monde, l'atomisme, fermement critiqué par Socrate, Platon et Aristote, trouve en Épicure un ardent défenseur au IVe siècle avant notre ère. Soucieux de libérer l'homme de la crainte des dieux, Épicure se tourne en effet très tôt vers l'enseignement de Démocrite qu'il prolonge et renouvelle en s'interrogeant plus particulièrement sur la question du mouvement des atomes.

Un mouvement sans commencement mais pas sans cause

Démocrite semblait avoir admis l'idée du mouvement des atomes comme un fait premier qu'il n'est ni possible ni indispensable d'expliquer. S'il consent au mouvement immanent et perpétuel de l'atome, Épicure se refuse pourtant à en rester là. Ce mouvement n'est en effet pas sans raison : trois causes suffisent à en rendre compte.

Poids et chocs

Les deux premières causes conjointement pensées par Épicure – le poids des atomes et les chocs entre ces derniers – rendent compte des différents types de mouvement des atomes : ils se déplacent de haut en bas sous l'effet de leur poids (qui, selon Épicure, constitue l'une de leur propriété intrinsèque) et de manière plus aléatoire, dans toutes les directions, compte tenu des chocs qui s'opèrent entre eux.

Deux causes incompatibles

Une fois admis le poids et les chocs comme constituant les deux premières causes du mouve-

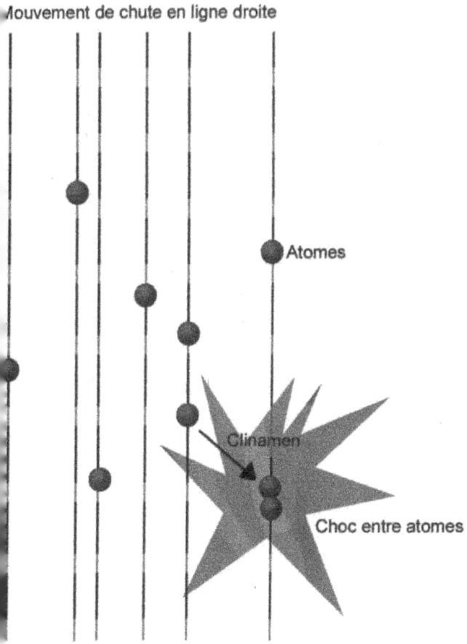

Le clinamen.

ment des atomes, Épicure se trouve confronté à une impossibilité. Si les atomes chutent dans le vide alors leur chute doit indéfiniment suivre une trajectoire verticale sans que jamais aucun d'entre eux ne se rencontre, ne s'entrechoque ou rebondisse. La première cause du mouvement des atomes annule donc la deuxième. Or, privé des chocs entre atomes, l'univers ne peut plus contenir de corps composés et se voit réduit à une pluie infinie d'atomes. Conclusion qui va directement à l'encontre de l'observation. Comment donc sortir de cette impasse ? En introduisant une troisième cause qui rende les deux premières compatibles, bien sûr !

Le clinamen

Reprenons donc le raisonnement d'Épicure là où nous l'avons laissé. Pour que les atomes se rencontrent, il faut que certains d'entre eux quittent leur trajectoire initiale de chute rectiligne. C'est pourquoi Épicure introduit dans le mouvement des atomes une légère déviation appelée *parenkleisis* en grec, *clinamen* en latin. Au cours de leur chute dans le vide, les atomes s'écartent de la verticale rendant ainsi possible les collisions et donc la formation des corps composés. L'incompatibilité des causes est ainsi levée et l'atomisme sauvé !

L'atomisme moderne

De l'hérésie à la Renaissance

En affirmant que l'univers est uniquement constitué d'atomes assemblés par hasard de manière purement mécanique, les atomistes nient fermement l'intervention des dieux dans le gouvernement du monde. Rien d'étonnant donc à ce que la conception atomiste soit abandonnée au profit d'autres courants de pensée lorsque le christianisme devient religion d'État de l'Empire romain. Après une longue traversée du désert, ce n'est qu'au XVIIe siècle que commencent à ressurgir les idées du passé.

Un homme d'église au secours de l'atomisme

Aussi paradoxal que cela puisse paraître, c'est à Gassendi, chanoine de la cathédrale de Digne, que l'atomisme doit sa renaissance au XVIIe siècle. Soucieux de concilier les vues de l'Église et celle de la science, ce dernier n'hésite pas à remettre en question la physique d'Aristote qui, fondée sur la négation du vide et le rejet des atomes, jouit alors du soutien de l'Église. S'appuyant sur les expériences de mesure de pression de l'air de Torricelli et de Pascal, il défend l'hypothèse de l'existence du vide et tente de réhabiliter la conception atomiste.

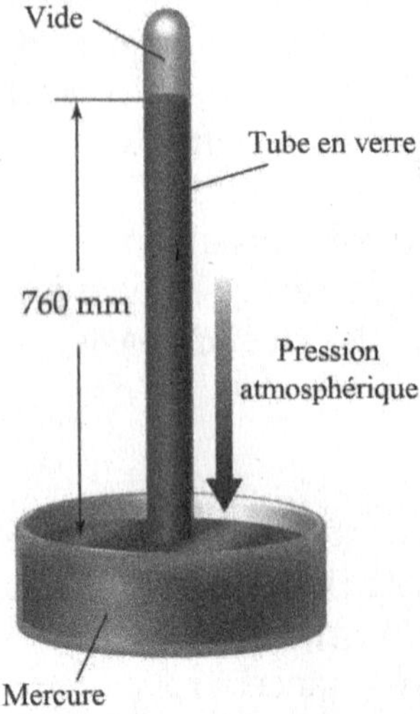

Baromètre de Torricelli

C'est en tentant de comprendre pourquoi les fontainiers ne pouvaient pas aspirer l'eau à plus de 10 mètres que Torricelli eut l'idée de réaliser l'expérience suivante : remplir un tube de mercure en empêchant l'air de rentrer et le renverser sur un bassin lui aussi rempli de mercure. Que constate-t-il alors ? Que, quel que soit le diamètre du tube, une colonne de mercure de 76 cm reste dans ce dernier. Une force compensant celle engendrée par le poids du mercure s'exerce donc à la surface du liquide. La pression atmosphérique est ainsi mise en évidence et le premier vide artificiel de l'histoire réalisé !

La conception atomiste de Gassendi

Très proche de la conception d'Épicure auquel il consacre un ouvrage, Gassendi imagine que les atomes sont indestructibles, impénétrables, de très petite taille, de formes variables et soumis à leur propre poids bien que leur mouvement soit naturellement désordonné.

Par ailleurs, de leur association naissent selon lui la couleur, l'odeur, les sons, bref toutes les qualités perceptibles par nos seuls sens et que Galilée appelait qualités secondes.

Galilée et les attributs de la matière

Contemporain de Gassendi, Galilée s'est très tôt intéressé à la matière et interrogé sur ses attributs. Selon lui, ces derniers sont de deux types :

– les qualités premières (solidité, forme, étendue, mouvement) qui ne changent pas et qui sont quantifiables ;

– les qualités secondes (saveur, odeur, couleur) qui sont perceptibles par nos sens.

Quand Dieu remplace le hasard

Toutefois, dans l'optique de réconciliation des approches mécanistes et chrétiennes de l'univers, Gassendi abandonne les idées d'infinitude du nombre d'atomes et d'éternité de ces derniers. Comme tout être crée, les atomes doivent avoir un commencement et une fin dont Dieu est à l'origine. C'est donc au prix de l'exclusion de la notion de hasard, chère aux Grecs, au profit de l'intervention divine que Gassendi parvient à faire accepter la théorie atomiste à l'Église.

NAISSANCE DE LA CHIMIE MODERNE : UNE NOUVELLE CONCEPTION DE LA MATIÈRE

Au XVIIe siècle, le concept nouveau de vérification expérimentale fait son apparition. Aucune théorie ne peut être considérée comme valable tant qu'elle n'est pas confirmée par l'expérience. Une nouvelle conception de la matière voit alors le jour dans la communauté des chimistes : les atomes, concept d'abord, hérésie ensuite, commencent enfin à devenir réalité.

La théorie des quatre substances primordiales remise en question

Au ve siècle avant notre ère, l'eau, l'air, la terre et le feu étaient considérés comme les quatre substances primordiales à l'origine de tous les corps. Admise pendant plus de vingt siècles, cette théorie dite des quatre éléments se voit remise en question au XVIIIe siècle lorsque Lavoisier, Cavendish et Priestley, grands chimistes de l'époque, parviennent à démontrer la structure composée de l'eau et de l'air. Une question commence alors à se poser : quel est le plus petit élément de matière ?

La théorie corpusculaire de la matière de Dalton

À cette question du constituant ultime de la matière, John Dalton formule en termes modernes l'hypothèse d'atomes indivisibles et indestructibles. Convaincu que le poids constitue l'une des caractéristiques essentielles des atomes, il postule notamment que les atomes d'éléments différents se distinguent les uns des autres par des poids différents et que, par conséquent, les atomes d'un même élément sont au contraire identiques en terme de poids. Il ajoute que tout corps composé se voit constitué d'un nombre entier d'atomes et que le poids total d'un corps composé résulte de la somme des poids de tous les atomes qui le composent. Enfin, il affirme que la composition d'un corps composé ne peut varier que sous l'effet de l'entrée ou de la sortie d'au moins un atome.

Les premières classifications des éléments

En prenant pour référence le poids de l'atome d'hydrogène, Dalton établit une échelle des poids relatifs pour trente-six éléments chimiques. C'est la première classification des éléments.

Quelques années plus tard, le jeune chimiste russe Dimitri Mendeleïev s'aperçoit qu'en disposant d'après la grandeur croissante de leur poids atomique les éléments connus (63 à son époque), ces derniers présentent une périodicité de leurs propriétés. Il décide donc de rassembler en une même famille les éléments présentant des propriétés voisines.

▶ Actuel tableau périodique des éléments.

PÉRIODE	1	2 IIA	3 IIIB	4 IVB	5 VB	6 VIB	7 VIIB	8 VIIIB	9 VIIIB	10 VIIIB	11 IB	12 IIB	13 IIIA	14 IVA	15 VA	16 VIA	17 VIIA	18 VIIIA
1	1 1.0079 **H** HYDROGÈNE																	2 4.0026 **He** HÉLIUM
2	3 6.941 **Li** LITHIUM	4 9.0122 **Be** BÉRYLLIUM											5 10.811 **B** BORE	6 12.011 **C** CARBONE	7 14.007 **N** AZOTE	8 15.999 **O** OXYGÈNE	9 18.998 **F** FLUOR	10 20.180 **Ne** NÉON
3	11 22.990 **Na** SODIUM	12 24.305 **Mg** MAGNÉSIUM											13 26.982 **Al** ALUMINIUM	14 28.086 **Si** SILICIUM	15 30.974 **P** PHOSPHORE	16 32.065 **S** SOUFRE	17 35.453 **Cl** CHLORE	18 39.948 **Ar** ARGON
4	19 39.098 **K** POTASSIUM	20 40.078 **Ca** CALCIUM	21 44.956 **Sc** SCANDIUM	22 47.867 **Ti** TITANE	23 50.942 **V** VANADIUM	24 51.996 **Cr** CHROME	25 54.938 **Mn** MANGANÈSE	26 55.845 **Fe** FER	27 58.933 **Co** COBALT	28 58.693 **Ni** NICKEL	29 63.546 **Cu** CUIVRE	30 65.39 **Zn** ZINC	31 69.723 **Ga** GALLIUM	32 72.64 **Ge** GERMANIUM	33 74.922 **As** ARSENIC	34 78.96 **Se** SÉLÉNIUM	35 79.904 **Br** BROME	36 83.80 **Kr** KRYPTON
5	37 85.468 **Rb** RUBIDIUM	38 87.62 **Sr** STRONTIUM	39 88.906 **Y** YTTRIUM	40 91.224 **Zr** ZIRCONIUM	41 92.906 **Nb** NIOBIUM	42 95.94 **Mo** MOLYBDÈNE	43 (98) **Tc** TECHNÉTIUM	44 101.07 **Ru** RUTHÉNIUM	45 102.91 **Rh** RHODIUM	46 106.42 **Pd** PALLADIUM	47 107.87 **Ag** ARGENT	48 112.41 **Cd** CADMIUM	49 114.82 **In** INDIUM	50 118.71 **Sn** ETAIN	51 121.76 **Sb** ANTIMOINE	52 127.60 **Te** TELLURE	53 126.90 **I** IODE	54 131.29 **Xe** XÉNON
6	55 132.91 **Cs** CÉSIUM	56 137.33 **Ba** BARYUM	57-71 **La-Lu** Lanthanides	72 178.49 **Hf** HAFNIUM	73 180.95 **Ta** TANTALE	74 183.84 **W** TUNGSTÈNE	75 186.21 **Re** RHÉNIUM	76 190.23 **Os** OSMIUM	77 192.22 **Ir** IRIDIUM	78 195.08 **Pt** PLATINE	79 196.97 **Au** OR	80 200.59 **Hg** MERCURE	81 204.38 **Tl** THALLIUM	82 207.2 **Pb** PLOMB	83 208.98 **Bi** BISMUTH	84 (209) **Po** POLONIUM	85 (210) **At** ASTATE	86 (222) **Rn** RADON
7	87 (223) **Fr** FRANCIUM	88 (226) **Ra** RADIUM	89-103 **Ac-Lr** Actinides	104 (261) **Rf** RUTHERFORDIUM	105 (262) **Db** DUBNIUM	106 (266) **Sg** SEABORGIUM	107 (264) **Bh** BOHRIUM	108 (277) **Hs** HASSIUM	109 (268) **Mt** MEITNERIUM	110 (281) **Uun** UNUNNILIUM	111 (272) **Uuu** UNUNUNIUM	112 (285) **Uub** UNUNBIUM		114 (289) **Uuq** UNUNQUADIUM				

Lanthanides

6	57 138.91 **La** LANTHANE	58 140.12 **Ce** CÉRIUM	59 140.91 **Pr** PRASÉODYME	60 144.24 **Nd** NÉODYME	61 (145) **Pm** PROMÉTHIUM	62 150.36 **Sm** SAMARIUM	63 151.96 **Eu** EUROPIUM	64 157.25 **Gd** GADOLINIUM	65 158.93 **Tb** TERBIUM	66 162.50 **Dy** DYSPROSIUM	67 164.93 **Ho** HOLMIUM	68 167.26 **Er** ERBIUM	69 168.93 **Tm** THULIUM	70 173.04 **Yb** YTTERBIUM	71 174.97 **Lu** LUTÉTIUM

Actinides

7	89 (227) **Ac** ACTINIUM	90 232.04 **Th** THORIUM	91 231.04 **Pa** PROTACTINIUM	92 238.03 **U** URANIUM	93 (237) **Np** NEPTUNIUM	94 (244) **Pu** PLUTONIUM	95 (243) **Am** AMÉRICIUM	96 (247) **Cm** CURIUM	97 (247) **Bk** BERKÉLIUM	98 (251) **Cf** CALIFORNIUM	99 (252) **Es** EINSTEINIUM	100 (257) **Fm** FERMIUM	101 (258) **Md** MENDELÉVIUM	102 (259) **No** NOBÉLIUM	103 (262) **Lr** LAWRENCIUM

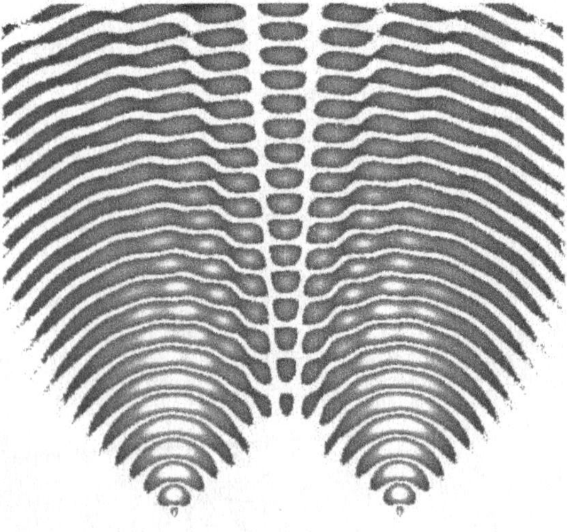

Des ondes, des corpuscules et des quantas

LA CONTROVERSE DE LA LUMIÈRE

La physique classique distingue principalement deux sortes d'objets : les ondes et les corpuscules. Pour chaque phénomène, une question se pose donc : adopte-t-il un comportement corpusculaire ou ondulatoire ? Interrogation simple mais qui, appliquée à la question de la nature de la lumière, souleva bien des remous. Flashback sur deux siècles de controverse scientifique !

La conception corpusculaire de Newton

Les couleurs font-elles partie de la lumière ou sont-elles créées par la surface réfléchissante ? S'interrogeant ainsi sur le phénomène des couleurs, Newton entreprend une série d'expériences à l'aide d'un prisme qui le mène à la mise en valeur du spectre de la lumière blanche. Il constate en effet, qu'en traversant un prisme, un rayon de lumière blanche se disperse en sept couleurs (rouge, orange, jaune, vert, bleu, indigo, violet) et se recompose en traversant un second prisme. Les couleurs appartiennent donc à la lumière ! Comment expliquer ce phénomène ? Newton postule que la lumière se compose de corpuscules de poids et de type différents (ce qui donne une impression de couleur) et que ces corpuscules sont soumis à l'action de forces (ce qui explique le phénomène de réflexion notamment).

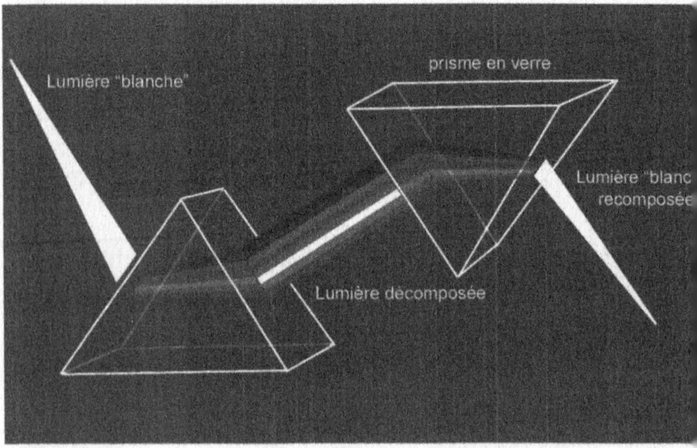

La conception ondulatoire de Huygens

À la même époque, Huygens s'étonne : comment admettre la théorie corpusculaire de la lumière alors que l'on observe que deux rayons lumineux qui se croisent ne se dévient pas ? Le mouvement de la lumière ne pouvant s'expliquer par un transport de matière, il ne peut être du qu'à des ondes se propageant dans un milieu que Huygens nomme éther.

Les éléments en faveur de la théorie ondulatoire

La théorie corpusculaire de Newton souffre de sa faiblesse à rendre compte des phénomènes de diffraction et d'interférences qu'explique parfaitement la théorie ondulatoire. C'est donc tout naturellement que, malgré le prestige de Newton à l'époque, la conception ondulatoire de la lumière prit peu à peu le dessus.

Les fentes de Young

Dans cette expérience réalisée en 1801, Young interpose une plaque percée de deux fentes entre un écran et une source

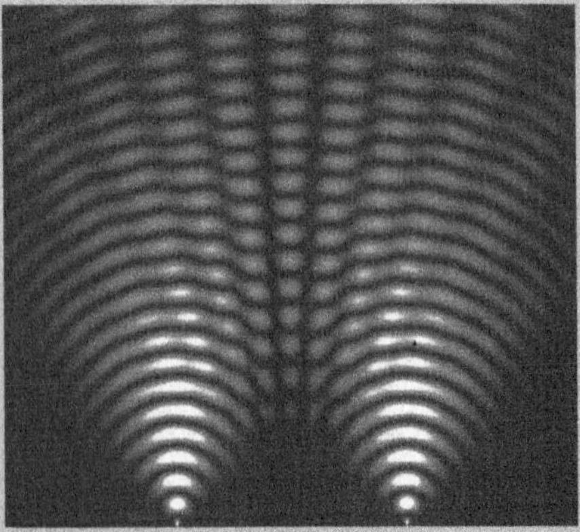

lumineuse. Il observe sur l'écran des franges alternativement sombres et claires : il s'agit là d'un motif de **diffraction, spécifique des comportements ondulatoires**.

En traversant la plaque percée, l'onde lumineuse se scinde en deux ondes qui se combinent sur l'écran placé derrière. Cette

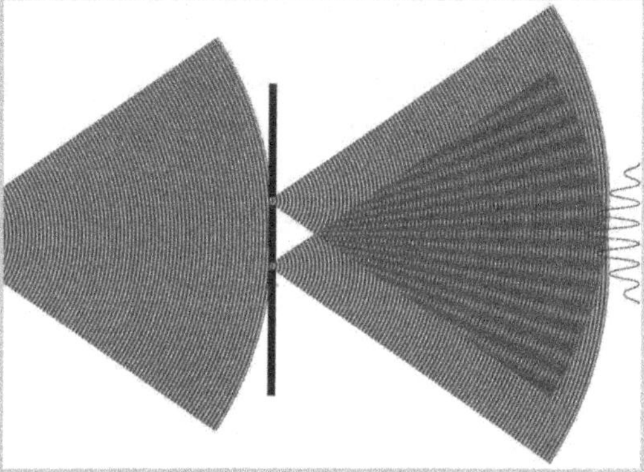

combinaison de deux ondes est à l'origine d'un phénomène appelé **interférence.**

Maxwell et l'électromagnétisme

Au milieu du XIXe siècle, James Maxwell, physicien écossais, unifie l'électricité et le magnétisme en un seul phénomène : l'électromagnétisme. En effet, en manipulant les équations de ses prédécesseurs, il prédit l'existence des ondes électromagnétiques. Constatant par ailleurs que la vitesse de ces ondes est presque identique à celle de la lumière, il interprète le rayonnement lumineux comme une forme de rayonnement électromagnétique. La lumière est donc bien une onde : une onde électromagnétique !

LE RAYONNEMENT DU CORPS NOIR

À la fin du XIXe siècle, la physique classique, dont la théorie électromagnétique de Maxwell constitue l'un des piliers, ne s'avère pas en mesure de rendre compte d'un phénomène fort discuté à l'époque : le « rayonnement du corps noir ». Une idée nouvelle surgit alors : et si l'énergie électromagnétique n'était pas émise et absorbée de façon continue mais sous forme de paquets appelés quanta ?

Le corps noir

Un corps noir est un corps qui absorbe toute l'énergie électromagnétique qu'il reçoit sans la réfléchir ni la diffuser. En revanche, il réémet l'énergie absorbée sous la forme d'un rayonnement électromagnétique : c'est ce que l'on appelle le rayonnement du corps noir !

Une des particularités de ce rayonnement est qu'il ne dépend que de la température du corps noir. On obtient ainsi une « loi de rayonnement du corps noir » qui donne la valeur de la densité d'énergie du rayonnement émis en fonction de la température et de la longueur d'onde.

La catastrophe ultraviolette

S'intéressant à cette loi de rayonnement, les physiciens de la fin du XIXe siècle tentent de calculer, en fonction des lois de la physique classique et plus précisément de la physique statistique de Boltzmann et de la théorie électromagnétique de Maxwell, la répartition de la puissance rayonnée en fonction de la longueur d'onde. Si pour les grandes longueurs d'onde, les résultats théoriques et expérimentaux correspondent bien, pour les petites, il

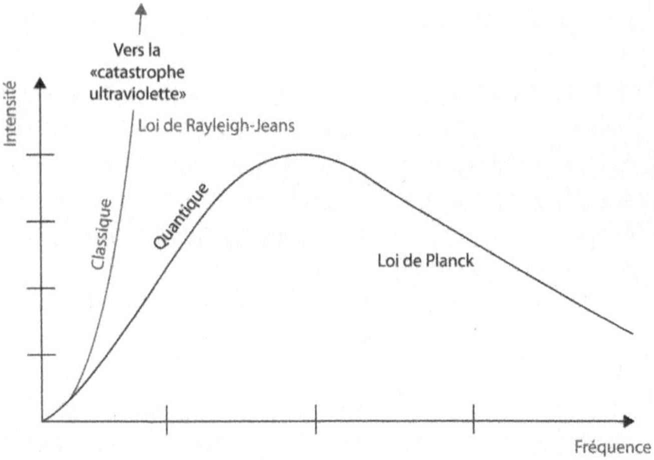

n'en est pas du tout de même : les valeurs expérimentales sont beaucoup plus faibles que les valeurs théoriques qui tendent vers l'infini. C'est la catastrophe ultraviolette !

Les quanta de Planck

Comment donc faire correspondre valeurs théoriques et expérimentales ?

Planck est le premier en 1900 à proposer une solution théorique à ces résultats en émettant une hypothèse remettant en cause les fondements mêmes de la physique classique : les échanges d'énergie entre la matière et la lumière ne se font pas de façon continue, mais par petits paquets appelé « quanta », dont les valeurs sont le produit de la fréquence f et d'un nombre h appelé constante de Planck.

La théorie quantique

LA DUALITÉ ONDE-CORPUSCULE

Véritable révolution pour la pensée physique de l'époque, la constante de Planck inspira Einstein qui, en 1905, reprit cette notion de quanta dans le but d'expliquer l'effet photoélectrique. Voit ainsi le jour le concept de « lumière granuleuse » dont le grain d'énergie sera plus tard appelé photon.

Paradoxe de l'effet photoélectrique

En 1887, Hertz effectue l'expérience suivante : une plaque de zinc est éclairée par la lumière émise par une lampe à vapeur. Initialement chargée négativement, la plaque de zinc se décharge dès lors qu'elle est éclairée. La lumière permet donc d'extraire des électrons du métal. C'est ce que l'on appelle l'effet photoélectrique.

Dans un second temps, la plaque de zinc est rechargée négativement et une plaque de verre, arrêtant le rayonnement ultraviolet mais laissant passer le rayonnement visible et infrarouge, est interposée entre la lampe et le zinc. Bien que toujours éclairé à travers la plaque de verre, le zinc ne se décharge plus : le rayonnement visible et infrarouge, de longueur d'onde plus petite, n'a plus l'énergie nécessaire pour extraire des électrons du zinc. L'effet photoélectrique n'a pas lieu !

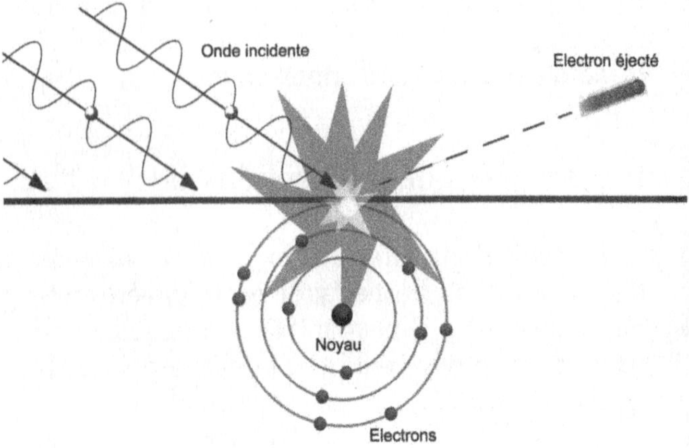

Einstein et les quanta de lumière

Dans la théorie de Maxwell, l'énergie d'une onde lumineuse dépend de son intensité. Or, la seconde partie de l'expérience montre que cette énergie dépend uniquement de sa longueur d'onde. Comment rendre compte de ce paradoxe ?

Einstein remarque que la théorie de Maxwell ne concerne pas les processus de création ou d'absorption de lumière, lesquels, selon lui, peuvent être discontinus. Il montre que le rayonnement se comporte comme une assemblée de grains de lumière (nommés photons en 1926) porteurs de quantum d'énergie ($E = h\nu$ où ν est la fréquence du rayonnement et h, la constante de Planck).

Le paradoxe est ainsi levé : les électrons de la plaque de zinc, en absorbant les photons, acquièrent leur énergie ; si elle est supérieure à un seuil (qui dépend uniquement de la nature du métal éclairé), les électrons peuvent sortir du métal. Sinon, l'effet photoélectrique ne se produit pas.

Le photon : tantôt onde, tantôt corpuscule

Un grain – le photon – relié à une onde électromagnétique – la lumière : tel est le paradoxe de la dualité onde-corpuscule. La lumière n'est un phénomène ni corpusculaire, ni ondulatoire : elle adopte un comportement tantôt corpusculaire, tantôt ondulatoire !

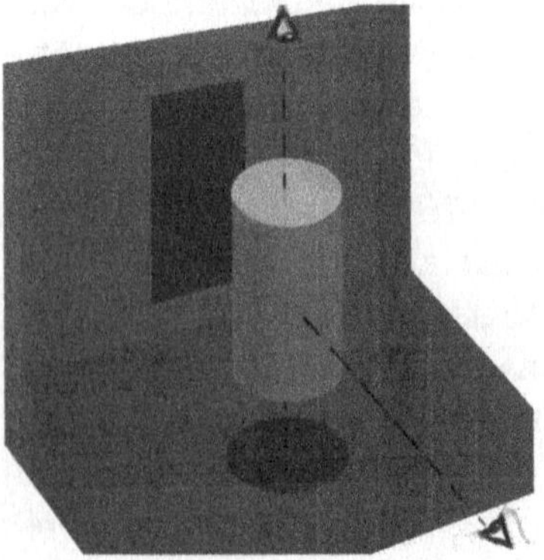

Pour visualiser ce concept, imaginons un cylindre : vu d'en haut, il semble circulaire, vu de la tranche, rectangulaire. Ce n'est pourtant ni un cercle ni un rectangle.

Au-delà des photons

Les photons ne sont ni ondes ni corpuscules. Qu'en est-il des autres particules ? Comme le photon, présentent-elles un comportement tantôt ondulatoire tantôt corpusculaire ? La célèbre expérience des deux fentes répond à ces interrogations et nous fait pénétrer dans un univers étrange : celui de l'infiniment petit.

Si on projette un grand nombre de billes en direction d'un mur percé de deux fentes, certaines de ces billes parviennent à passer par l'une des fentes et sont réceptionnées dans des boîtes situées der-

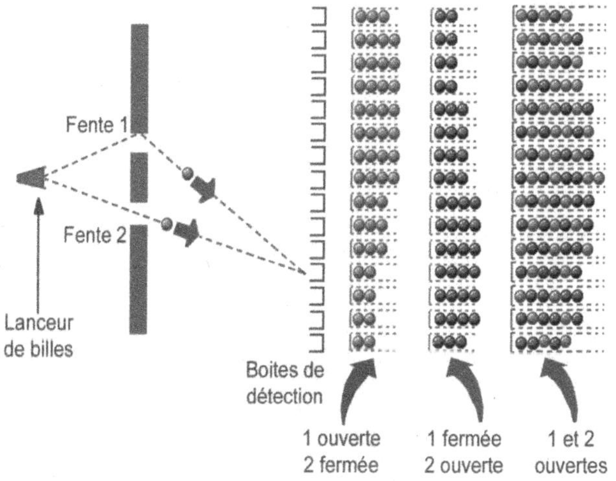

L'expérience des deux fentes avec des billes.

rière le mur. On mène l'expérience en fermant la fente 2, puis en l'ouvrant et fermant la fente 1, enfin avec les deux fentes ouvertes. On constate alors que la probabilité de présence des billes dans une boîte lorsque les deux fentes sont ouvertes correspond à l'addition des probabilités de présence établies lorsqu'une des fentes était fermée.

Remplaçons maintenant les billes (au comportement corpusculaire) par des vagues (au comportement ondulatoire) et les boîtes de réception par

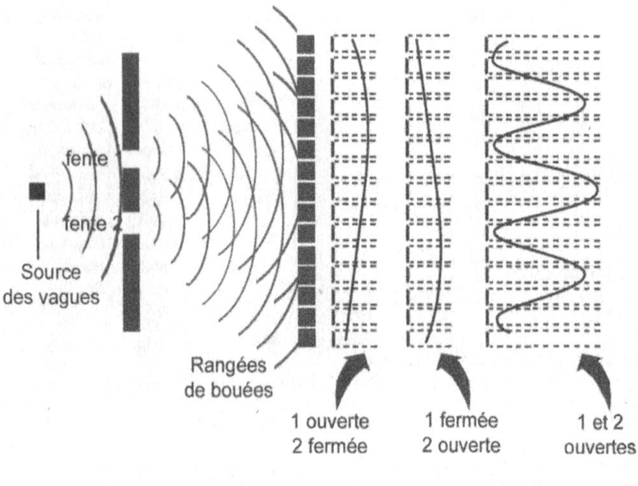

L'expérience des deux fentes avec des vagues.

des bouées qui montent et qui descendent. On détermine les amplitudes d'oscillation des bouées lorsque la fente 1 est ouverte et la 2 fermée et, *vice versa*. Lorsque les deux fentes sont ouvertes, les amplitudes d'oscillation ne correspondent pas à l'addition des amplitudes précédemment déterminées comme dans le cas des billes. Il se produit un phénomène d'interférence caractéristique du comportement ondulatoire.

Nous arrivons au point essentiel de notre expérience. Que se passe-t-il si l'on projette des électrons ?

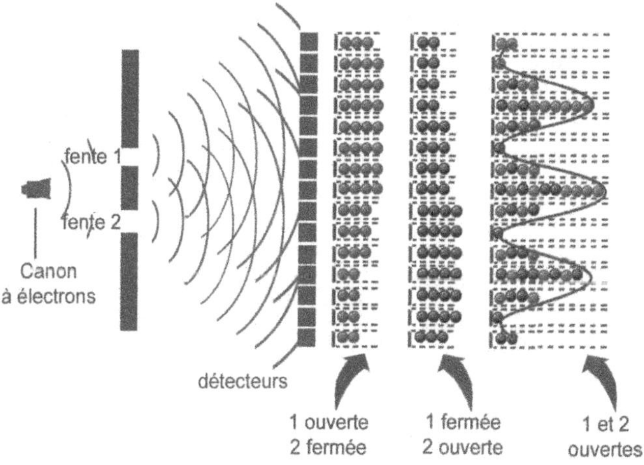

L'expérience des deux fentes avec des électrons.

Tout comme pour les billes, les électrons projetés sont clairement localisables par les tâches qu'ils forment sur l'écran situé derrière le mur et l'on peut déterminer leur répartition en fonction de la fente ouverte. Il semblerait donc que les électrons aient un comportement corpusculaire. Pourtant, si on ouvre les deux fentes, on voit réapparaître des franges d'interférence caractéristiques d'un comportement ondulatoire.

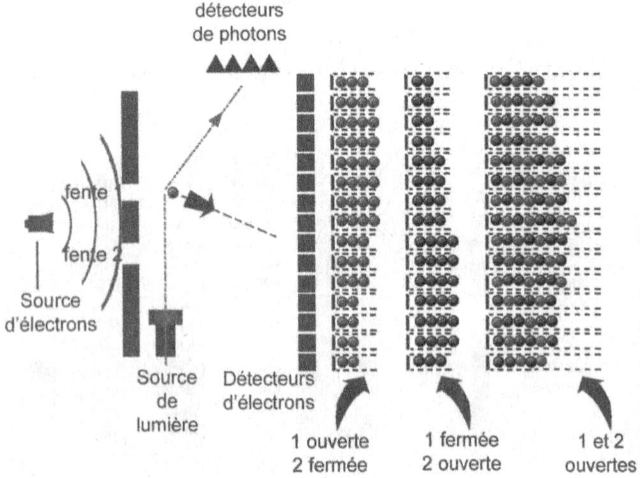

L'expérience des deux fentes avec détermination de la fente par laquelle chaque électron est passé.

Renouvelons l'expérience avec ouverture des deux fentes, en déterminant, cette fois-ci, par laquelle des fentes, l'électron est passé. Surprise ! Les franges d'interférence disparaissent ; les électrons se comportent comme des corpuscules sitôt que l'on détermine leur trajectoire.

Les particules ne sont donc ni ondes ni corpuscules mais adoptent un comportement ondulatoire ou corpusculaire selon l'environnement expérimental.

Physique classique et mécanique quantique dans tous leurs états

La distinction entre physique classique et mécanique quantique s'opère autour de la notion d'état. En physique classique, l'état dynamique d'une particule correspond à la donnée de sa position et de sa vitesse. En mécanique quantique, l'état d'une particule correspond à la donnée de sa fonction d'onde, c'est-à-dire à la donnée de son amplitude de probabilité de présence dans l'espace. Autrement dit, une particule quantique est une particule dont l'amplitude de probabilité se comporte comme une onde.

L'ÉTRANGE COMPORTEMENT DES PARTICULES

Le principe d'indétermination énoncé par Heisenberg en 1927, parfois indûment nommé principe d'incertitude, nous fait pénétrer dans la complexité des notions de mécanique quantique si difficiles à appréhender intuitivement. Qu'à cela ne tienne, sortons du tunnel pour voir un électron franchir une montagne à sa manière.

Principe d'indétermination de Heisenberg

On traduit, trop souvent et trop simplement, ce principe par le fait qu'il est impossible de connaître simultanément la position et la vitesse des particules. Si cette interprétation a le mérite d'être simple à comprendre, elle peut également nous induire en erreur. En effet, elle conduit à penser que les particules sont de simples corpuscules et à croire que les mesures en physique quantique sont inévitablement entachées d'une imprécision. Or tel n'est pas le cas. Ainsi, si l'on effectue des mesures de position sur des systèmes composés d'un électron, tous dans le même état physique, on obtient des résultats précis à chaque fois différents mais qui se répartissent autour d'une valeur moyenne. Il en est de même pour des mesures de vitesse. Une bonne interprétation du principe d'indétermination consiste donc à dire que la représentation formelle que se fait la physique quantique des particules ne leur attribue jamais simultanément les caractéristiques de vitesse et de position.

L'effet tunnel

Un autre phénomène étrange en mécanique quantique : l'effet tunnel.

En physique classique, pour passer par-dessus une colline (barrière de potentiel) un ballon de foot doit disposer d'une énergie suffisante. S'il n'est pas lancé d'assez haut, le ballon restera inévitablement dans le puit de potentiel.

En mécanique quantique, il en est autrement. En effet, l'état d'une particule dont l'énergie est plus petite que la barrière est représentée par une amplitude de probabilité de présence à la fois à l'intérieur et à l'extérieur du puits. La particule peut donc passer à travers la barrière de potentiel par un effet que l'on nomme « effet tunnel ».

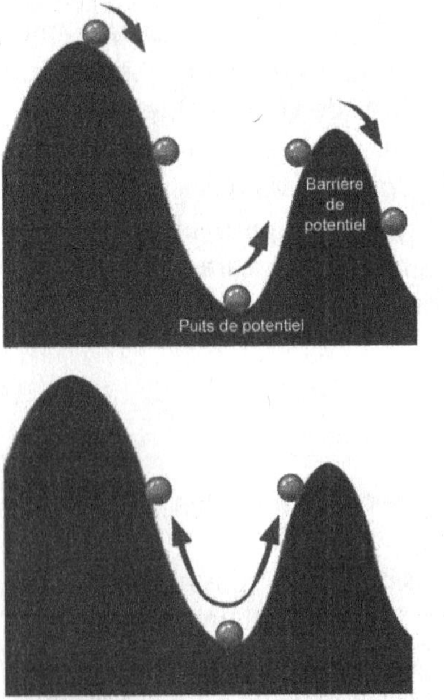

Passage d'une barrière de potentiel en mécanique classique.

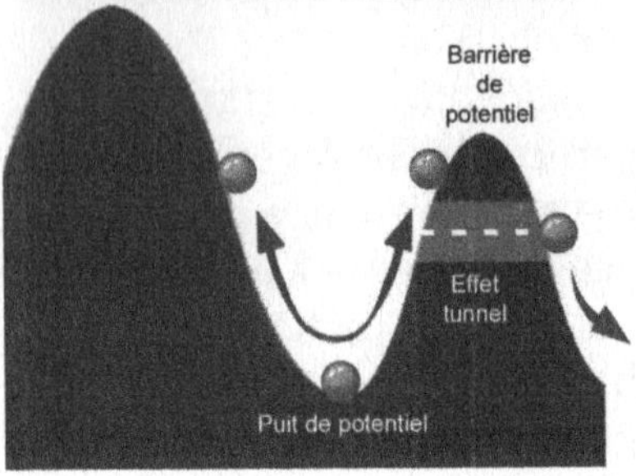

Passage d'une barrière de potentiel en mécanique quantique.

Vecteurs d'état et principe de superposition

Le formalisme de la mécanique quantique caractérise les particules par leur vecteur d'état qui correspond à la représentation des divers états possibles de ces particules. Selon le principe de superposition, ces vecteurs d'état ont la propriété de s'ajouter entre eux. Si ce principe ne pose aucun problème au niveau microscopique, il donne lieu à d'étranges comportements à notre échelle comme par exemple la possibilité pour un chat d'être à la fois mort et vivant !

Le paradoxe du chat de Schrödinger

Le principe de superposition énonce que la somme de deux états possibles d'un système physique est encore un état possible du système. Pour mieux comprendre ce principe, prenons l'exemple proposé par le physicien Erwin Schrödinger. Dans une boite, on place un atome radioactif qui a 50 % de chance de se désintégrer dans l'heure, un marteau, une fiole contenant un poison et un chat vivant. Lorsque la boite est fermée, deux scénarios sont possibles :

— soit l'atome se désintègre entraînant la chute du marteau sur la fiole qui se brise laissant le poison se répandre et le chat meurt ;

— soit l'atome ne se désintègre pas, le marteau ne casse pas la fiole et le chat reste vivant.

Dans quel état se trouve le chat au bout d'une heure ? Nous aurions tendance à dire qu'il est soit vivant soit mort. Or le principe de superposition nous indique qu'il n'est ni vivant ni mort mais dans une superposition de ces deux états : vivant et mort à la fois !

La réduction du paquet d'ondes et la décohérence

Même si nous sommes perplexes, poussons un peu plus loin cette expérience. Que voyons-nous si nous ouvrons la boîte ? Allons-nous enfin rencontrer un chat mort et vivant à la fois ? Au risque de décevoir, en ouvrant la boite, nous avons 50 % de chance de constater que le chat est vivant et autant de le trouver mort mais en aucun cas de le voir mort-vivant. Pourquoi ? Lorsqu'un appareil de mesure (dans ce cas nos yeux) interagit avec le système, le vecteur d'état du chat coïncide soit avec

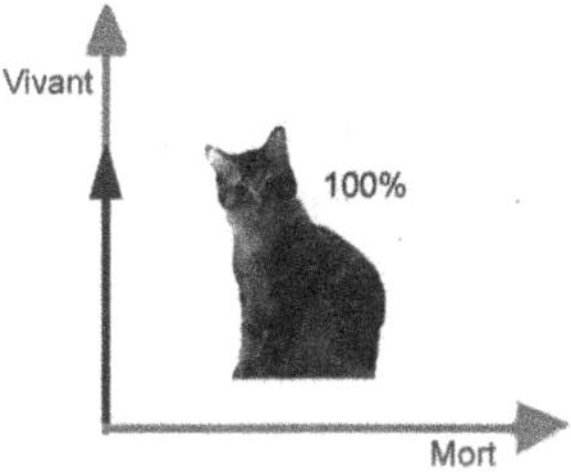

État du chat au moment
où la boîte est fermée.

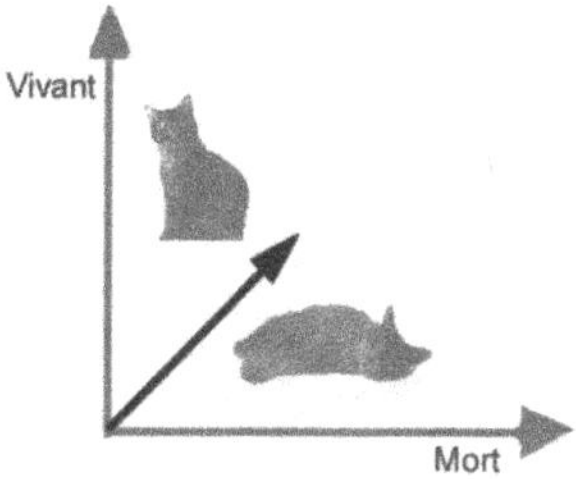

État du chat au bout d'une heure.

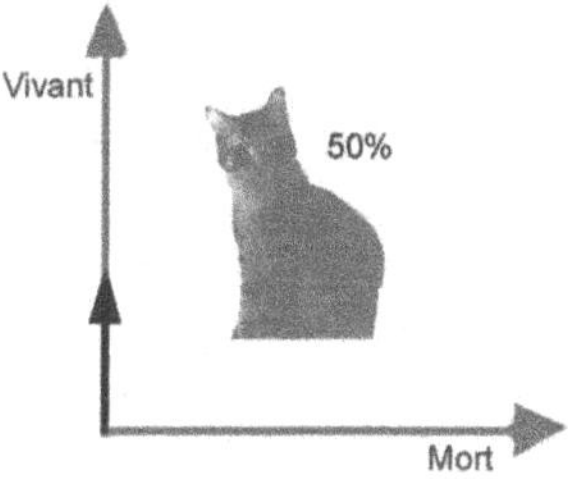

État du chat au moment
où la boîte est ouverte.

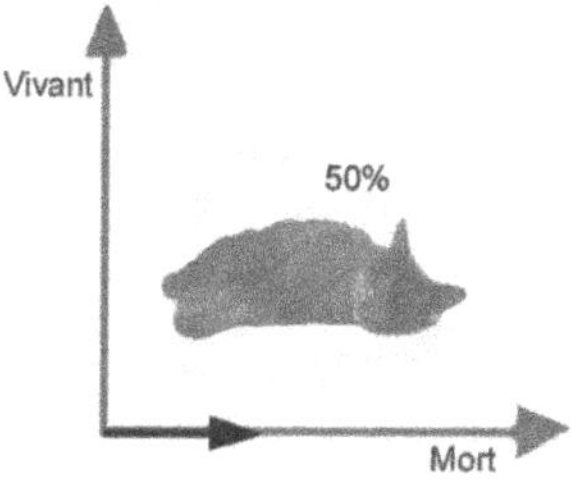

État du chat au moment
où la boîte est ouverte.

le vecteur d'état vivant soit avec le vecteur d'état mort. En mécanique quantique, on nomme ce phénomène « réduction du paquet d'ondes ».

Posons-nous une dernière question : pourquoi n'est-on jamais témoin d'états superposés à notre échelle ? La théorie de la décohérence postule que ce sont les nombreuses interactions des objets macroscopiques avec leur environnement qui leur font perdre leurs propriétés quantiques et ce d'autant plus rapidement que l'objet est important.

COMPLÈTE OU INCOMPLÈTE ?

Même si la physique quantique rend compte de nombreux résultats expérimentaux, l'étrangeté de ses interprétations et des phénomènes qu'elle décrit a fait planer une ombre sur elle et opposé pendant plus de vingt ans deux grands savants – Einstein et Bohr – autour de la question de la complétude ou de l'incomplétude de cette théorie.

Intrication quantique

Les photons ont la propriété de pouvoir être polarisés selon différents axes. On prépare une source de lumière à partir de photons qui se trouvent dans une superposition linéaire d'états polarisés suivant l'axe vertical et suivant l'axe horizontal. En vertu du principe de superposition, il est désormais impossible d'établir, avant toute mesure, selon quel axe chaque photon est polarisé.

Imaginons maintenant que cette source émette deux photons dans des directions opposées (voir schéma). La mécanique quantique prévoit qu'il y ait 50 % de chance pour que la première mesure effectuée (que l'on procède à celle-ci sur le photon 1 ou le photon 2) indique une polarisation selon l'axe vertical. En revanche, une fois cette première mesure effectuée et la polarisation du premier photon déterminée, elle prévoit une probabilité de 100 % pour le deuxième photon d'avoir une polarisation identique au premier. Ainsi, tout se passe comme si la mesure de la polarisation du premier photon déterminait la polarisation du deuxième. On dit que les photons 1 et 2 sont intriqués, c'est-à-dire que leurs propriétés sont indissolublement liées.

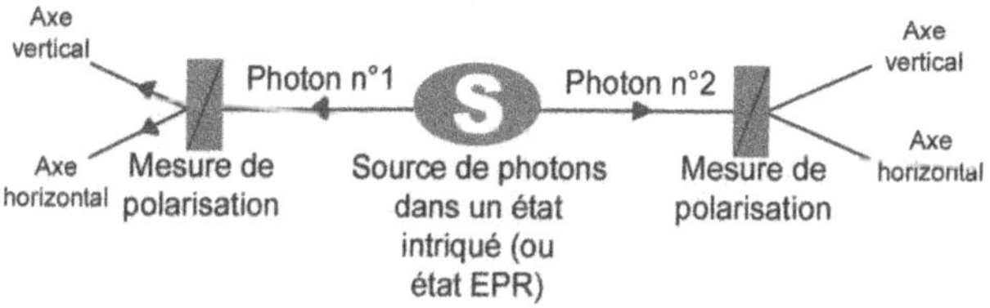

La controverse Einstein/Bohr

En 1935, dans le célèbre article « EPR » (du nom de ses auteurs Einstein, Podolski et Rosen), Einstein expose une expérience de pensée similaire qui lui permet, sans contester les prédictions de la mécanique quantique, de mettre en doute le phénomène d'intrication. En effet, en vertu du principe relativiste selon lequel rien ne peut aller plus vite que la lumière, il est à ses yeux impossible que les deux photons « échangent » instantanément une information sur leur polarisation. Selon lui, les photons doivent donc être polarisés au moment de leur émission et si la théorie quantique n'est pas en mesure de le prévoir, c'est qu'elle ne tient pas compte de toutes les variables. Elle est en conséquence incomplète. Bohr s'oppose à cette vision en soutenant que si la théorie quantique ne prévoit pas la polarisation des photons avant leur émission, c'est tout simplement que celle-ci n'est pas déterminée avant qu'elle ne soit mesurée. La physique quantique est donc bien prédictivement complète en ce qui concerne les amplitudes de probabilité d'événements.

L'expérience en faveur de la conception de Bohr

Du vivant de Bohr et d'Einstein, rien ne permit de trancher entre ces deux conceptions. Il fallut attendre les années 80 et les expériences d'Alain Aspect pour confirmer le phénomène d'intrication quantique.

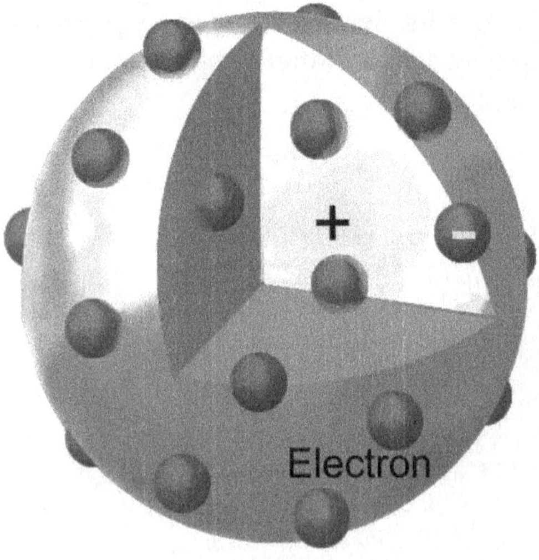
+
-
Electron

De l'atome aux particules élémentaires

INSÉCABLE, L'ATOME ?

Si au début du XXe siècle, la théorie quantique permet de mieux comprendre le comportement de l'infiniment petit, les observations et les expériences réalisées à la même époque dévoilent quant à elles de plus en plus précisément sa composition.

La matière est constituée d'atomes ; voilà un fait bien établi ! Pour autant, ces atomes sont-ils les plus petits constituants, les particules ultimes de tout ce qui nous entoure ?

La radioactivité : une faille dans l'insécabilité des atomes

L'histoire commence en 1895 lorsque Roentgen annonce sa découverte des rayons X. Henry Becquerel lui emboîte le pas en 1896. Oubliant dans un tiroir des sels d'uranium et des plaques photographiques vierges, il découvre un peu plus tard les plaques photographiques impressionnées. Aucun doute possible : les sels d'uranium ont spontanément émis un rayonnement.

1898 : les recherches de Pierre et Marie Curie sur ces phénomènes commencent. La fin de l'histoire est connue : découverte de nouveaux éléments et mise en évidence de la radioactivité.

Quel rapport avec notre atome ? La radioactivité correspond à une modification à l'intérieur même de l'atome. Il faut bien dès lors envisager l'atome non plus comme une entité insécable mais comme l'agrégat de particules plus petites encore.

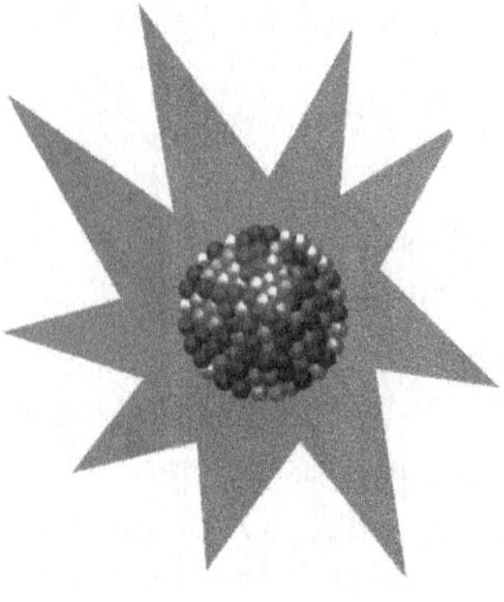

La découverte de la radioactivité, c'est-à-dire l'émission de rayonnement par des atomes, laisse penser que l'atome n'est pas une particule ultime de la matière.

L'électron : première brique élémentaire de l'atome mise en évidence

En 1897, grâce à une de ses expériences, J.J. Thomson montre que les rayons cathodiques sont constitués de minuscules corpuscules de charge électrique négative, bien plus légers que le plus léger des atomes. Il nomme ces corpuscules des électrons.

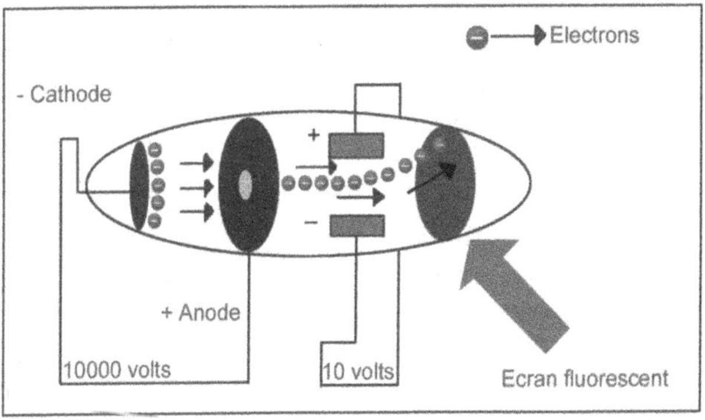

Schéma de l'expérience de J.J. Thomson. Des rayons cathodiques sont produits en appliquant une forte tension entre deux tiges de métal fixées aux extrémités d'un tube de verre dans lequel le vide a été fait. Soumis à un faible champ électrique ces rayons sont déviés comme toute particule chargée. Les rayons cathodiques ne sont donc pas des ondes mais bien de la matière !

Le premier modèle atomique

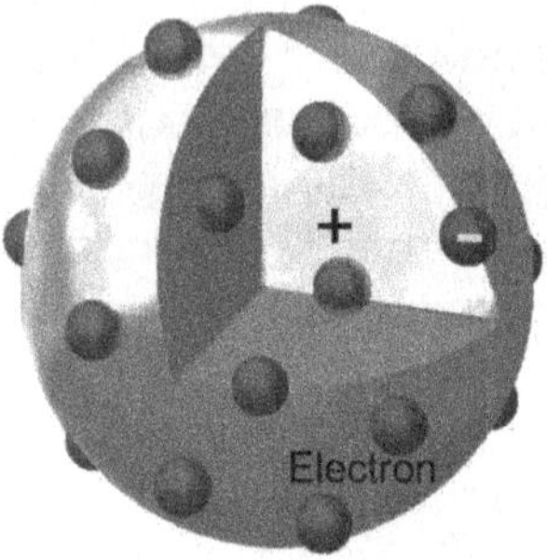

Premier modèle atomique : le « plum pudding » de J.J. Thomson.

À la suite de sa découverte, J.J. Thomson imagine le premier modèle atomique nommé « plum-pudding » ou cake aux raisins. Il conçoit l'atome, afin de respecter sa neutralité électrique, comme un ensemble composé d'électrons baignant dans un matériau de charge positive.

LES NUCLÉONS ET LES NOUVEAUX MODÈLES ATOMIQUES

Interrogeant sans cesse la matière, les physiciens découvrent de nouvelles particules en ce début de xxe siècle : le noyau pour commencer puis le proton et le neutron. Ces progrès les conduisent à repenser sans cesse le modèle atomique. Le cake de Thomson est définitivement périmé !

Rutherford découvre le noyau et le proton

En 1911, E. Rutherford est à l'origine d'une expérience qui consiste à bombarder de particules α une mince feuille d'or. La plupart des particules traversent la feuille sans être déviées ce qui prouve que l'atome est constitué de beaucoup plus de vide que de matière. Les enseignements de l'expérience ne s'arrêtent pas là. En effet, une partie des particules est déviée et certaines sont même rejetées en arrière. Une seule explication à ce phénomène : la charge positive des atomes doit être concentrée dans une petite région centrale, le noyau contre lequel la particule α rebondit lorsque la collision est frontale.

En 1918, en bombardant de l'azote avec des particules α, Rutherford trouve des traces d'hydrogène. Il en conclut que le noyau d'hydrogène doit être une particule élémentaire qui entre dans la constitution du noyau et le nomme proton.

Chadwick identifie le neutron

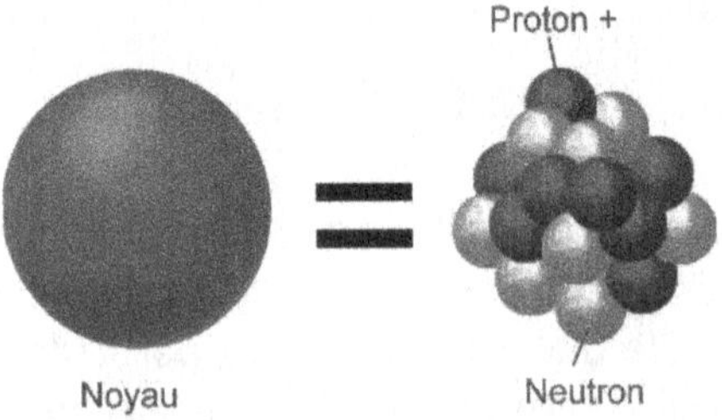

C'est Heisenberg qui le premier propose un modèle du noyau composé de deux sortes de nucléons : le proton de charge positive et le neutron de charge neutre.

En 1932, Chadwick projette des particules α sur du béryllium et découvre ainsi un flux de particules neutres de masse très voisine de celle du proton. Il vient de mettre en évidence le neutron.

L'atome en quelques chiffres			
	Taille	Masse	
Atome	Environ 10^{-10}m	Variable selon l'élément considéré	
Électron	Il n'est pas sur que l'électron ait une taille. S'il en a une, elle est > 10^{-18} m	$9{,}1.10^{-31}$ kg	
Noyau	Environ 10^{-15} m	Proton	$1{,}673.10^{-27}$ kg
		Neutron	$1{,}675.10^{-27}$ kg

Zoom

Si on grossissait un atome d'hydrogène mille milliards (10^{12}) de fois :
- son noyau (un seul proton) mesurerait 1 mm et pèserait 1,7 million de tonnes ;
- son unique électron mesurerait 1 millième de millimètre et pèserait 900 tonnes ; il graviterait à une distance d'environ 100 m du noyau.

Conclusion : l'atome est composé à 99,9999 % de vide et sa masse est concentrée à 99,97 % dans son noyau !

Le modèle atomique de Rutherford

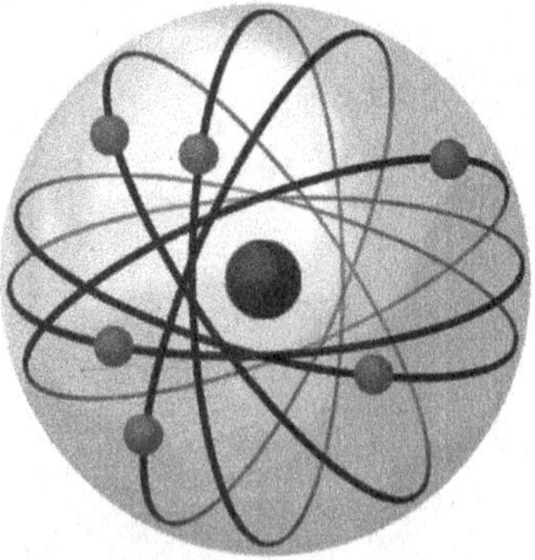

En 1911, Rutherford imagine un modèle planétaire de l'atome.

À la suite de sa découverte, Rutherford imagine un modèle planétaire de l'atome où les électrons gravitent autour du noyau central un peu comme les planètes tournent autour de notre soleil. Ce modèle, plus satisfaisant que celui de Thomson, présente un défaut majeur : il n'est pas stable. En effet, selon les lois de l'électromagnétisme, toute particule en mouvement accéléré émet un rayonnement et perd ainsi de l'énergie. En tournant autour du noyau, les électrons devraient donc perdre de leur énergie et finir par s'effondrer sur le noyau !

Bohr au secours de l'atome

Selon le modèle de Bohr, si l'électron émet un rayonnement (un photon) et perd de l'énergie, il « tombe » sur l'orbite inférieure mais ne s'effondre jamais sur le noyau.

Pour remédier à ce problème, N. Bohr imagine en 1913 que les électrons circulent sur des orbites définies par leur niveau d'énergie. Ces orbites sont stables et de rayon bien déterminé. La petite révolution de Bohr consiste à ne plus attribuer aux électrons des valeurs continues mais des valeurs discrètes.

LE MONDE SUBATOMIQUE

Quarks, neutrinos, muons, tauons, leptons, fermions... Autant de nouvelles particules qui sont venues chasser le neutron et le proton de leur statut de constituants ultimes de la matière. Plongeons dans un infini de plus en plus petit constitué des briques élémentaires du modèle standard actuel.

Caractéristiques des particules

Toutes les particules peuvent être caractérisées par trois propriétés :

— leur masse ;

— leur charge électrique ;

— leur spin (propriété analogue sans être identique au concept de rotation sur soi-même).

Les particules élémentaires du modèle standard

Les physiciens s'accordent aujourd'hui pour dire que neutrons et protons ne sont pas les composants ultimes de la matière mais qu'ils sont constitués de particules encore plus petites : les quarks.

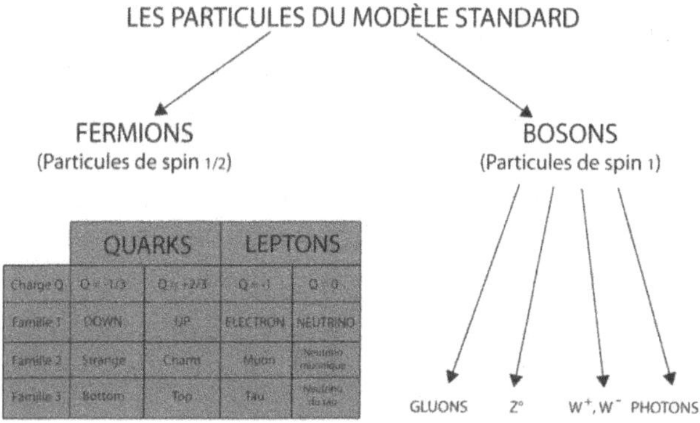

	QUARKS		LEPTONS	
Charge Q	Q = -1/3	Q = +2/3	Q = -1	Q = 0
Famille 1	DOWN	UP	ELECTRON	NEUTRINO
Famille 2	Strange	Charm	Muon	Neutrino muonique
Famille 3	Bottom	Top	Tau	Neutrino du tau

Pour compléter ce tableau, il faut aussi mentionner l'existence d'une antiparticule associée à chaque fermion : quarks/antiquarks, électron/positron, neutrinos/antineutrinos. Ces antiparticules se caractérisent par une charge opposée à celle des particules. Le modèle standard se compose donc de 12 particules et de leurs 12 antiparticules.

L'hypothèse des quarks

En 1964, suite à la découverte de nombreuses nouvelles particules dans les rayons cosmiques, M. Gell-Mann et G. Zweig formulent indépendamment l'hypothèse des quarks qui sera confirmée en 1975 par leur détection.

D'autres observations et expériences ont par la suite permis de mettre en évidence différentes familles de fermions. Ainsi, si la matière qui nous entoure est constituée de quarks et de leptons de la famille 1, il existe également des quarks et des leptons des familles 2 et 3 (caractérisés par leur masse plus élevée et leur instabilité).

Composition de la matière à partir des quarks

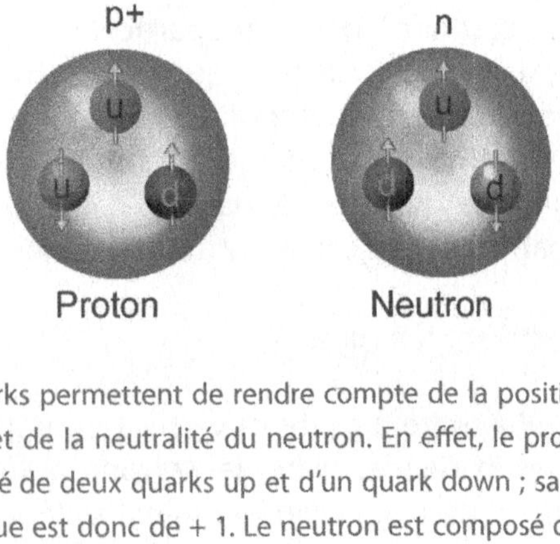

Les quarks permettent de rendre compte de la positivité du proton et de la neutralité du neutron. En effet, le proton est constitué de deux quarks up et d'un quark down ; sa charge électrique est donc de + 1. Le neutron est composé de deux quarks down et d'un quark up ; sa charge électrique est donc nulle.

Les quarks ne se trouvent jamais « seuls » dans la nature mais toujours associés sous forme de hadrons. Il existe deux sortes de hadrons :

— les mésons constitués de l'association d'un quark et d'un antiquark ;

— les baryons composés de trois quarks.

À leur tour, les baryons se scindent en deux grandes familles : les nucléons (proton et neutron) et les hypérons.

LES INTERACTIONS À L'ŒUVRE DANS L'INFINIMENT PETIT

Les interactions qui s'exercent dans la nature sont au nombre de quatre : la gravitation, l'interaction électromagnétique, l'interaction forte et l'interaction faible. À l'échelle des particules, la gravitation est négligeable. En revanche les trois autres interactions expliquent la cohésion des atomes et rendent compte de nombreux phénomènes. Comment ces interactions agissent-elles ?

Les interactions entre particules

Une interaction entre particules (fermions) s'effectue par l'échange d'une troisième particule (boson) qu'on appelle vecteur de l'interaction.

L'interaction électromagnétique

Expliquée par l'électrodynamique quantique, cette interaction s'applique entre des particules chargées, par exemple entre des électrons. Ces interactions entre particules chargées résultent de l'échange de photons virtuels. Les photons n'ayant pas de masse, la portée de cette interaction est infinie.

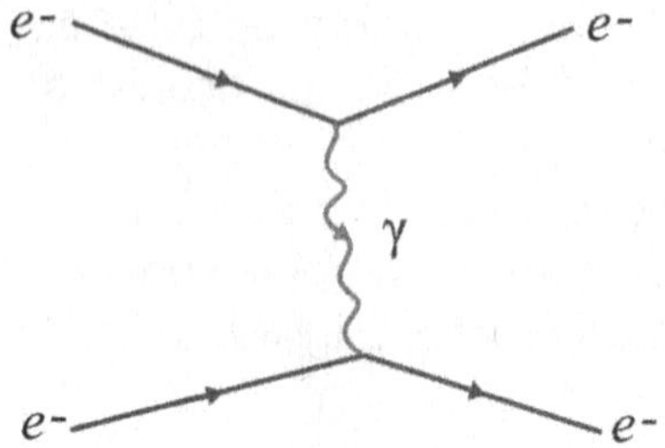

Diagramme de Feynman représentant l'échange d'un photon virtuel entre deux électrons. Ceci explique comment deux électrons de charge négative se repoussent.

L'interaction nucléaire forte

Décrite par la chromodynamique quantique, cette force rend compte de l'interaction entre les quarks. Elle s'exerce par l'intermédiaire d'un gluon porteur d'une couleur et d'une anticouleur. En effet, outre leur spin, leur masse et leur charge électrique, les quarks se caractérisent par leur couleur (il ne s'agit pas véritablement de couleur ; ce terme a été inventé pour qualifier une nouvelle charge propre aux quarks). Ainsi à l'intérieur d'un nucléon, si à un instant donné les quarks ont une couleur bien définie, dans le temps ils ne cessent d'interchanger leur couleur par l'échange de gluons.

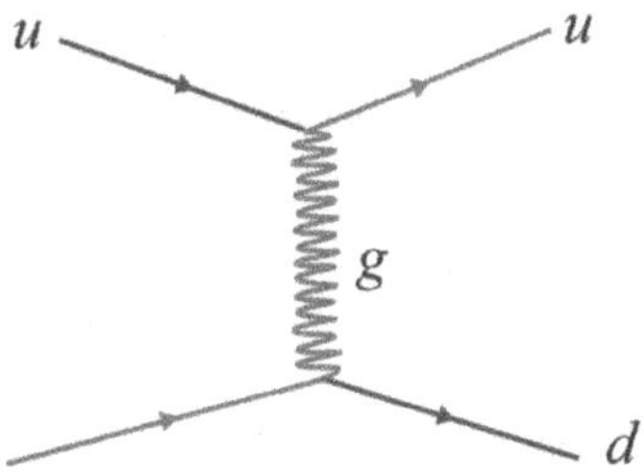

Diagramme de Feynman représentant un quark up bleu se transformant en quark up vert par l'émission d'un gluon de charge de couleur bleu-antivert. Le gluon est absorbé par un quark down vert, qui se transforme alors en quark down bleu.

L'une des particularités de l'interaction forte est de se comporter comme un élastique : plus un quark s'éloigne d'un autre quark, plus l'intensité de l'interaction augmente. C'est pourquoi, il est impossible d'observer un quark isolé.

L'interaction nucléaire faible

Postulée par Enrico Fermi en 1934, cette interaction permet d'expliquer la radioactivité β. S'appliquant à tous les fermions, elle a la plus faible intensité et la plus courte portée des trois interactions à l'œuvre dans le monde quantique. Les vecteurs de cette interaction sont les bosons Z^0, W^+ et W^-.

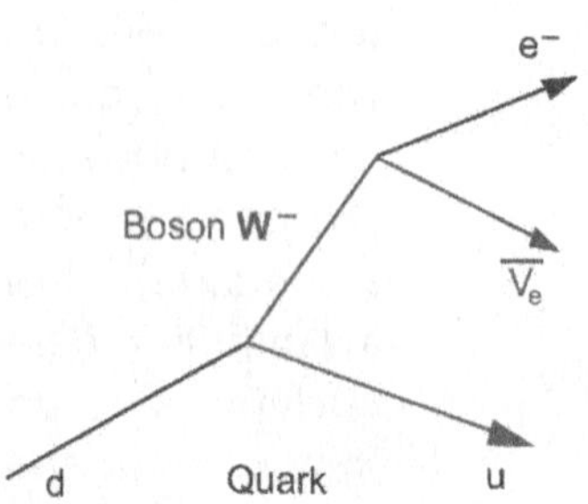

Dans un atome, la radioactivité β– entraîne la transformation d'un neutron en proton. Ce phénomène résulte de la transformation d'un quark down en quark up suite à l'émission d'un boson W–. Lors de la transformation du quark down en quark up, il y a émission d'un boson W–, d'un électron et d'un antineutrino.

Les bosons vecteurs des interactions

Constituants de la matière				Bosons de jauge		
	1re famille	2e famille	3e famille	Interaction forte	Interaction électro-magnétique	Interaction faible
Quarks	Up (u) (0.03 GeV)	Charm (c) (1.3 GeV)	Top (t) (174 GeV)	Gluons (g)	Photon (γ)	Bosons W^+ (80.4 GeV) W^- (80.4 GeV) Z^0 (91.2 GeV)
	Down (d) (0.06 GeV)	Strange (s) (0.14 GeV)	Bottom (b) (4.3 GeV)			
Leptons	Electron (e) (0.0005 GeV)	Muon (μ) (0.106 GeV)	Tau (τ) (1.7 GeV)			
	Neutrino (ν_e) électronique (≈ 0 GeV)	Neutrino (ν_μ) muonique (≈ 0 GeV)	Neutrino (ν_τ) tauique (≈ 0 GeV)			

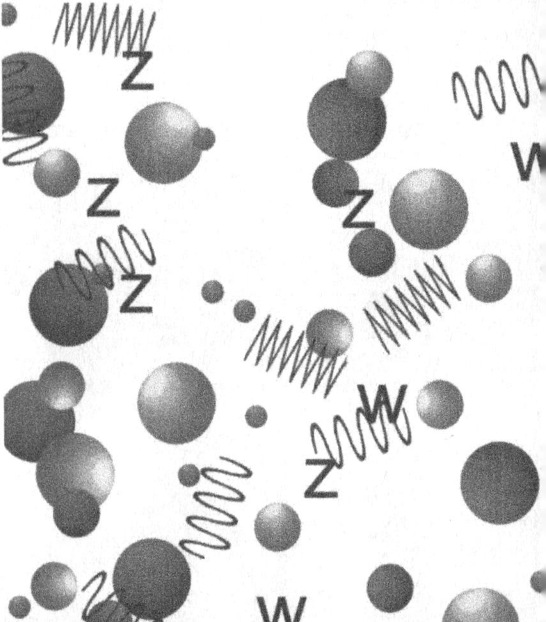
Z
W
Z
Z
Z
W
Z
W
W
Z
Z
W
Z
W

W

L'hypothèse du Big Bang

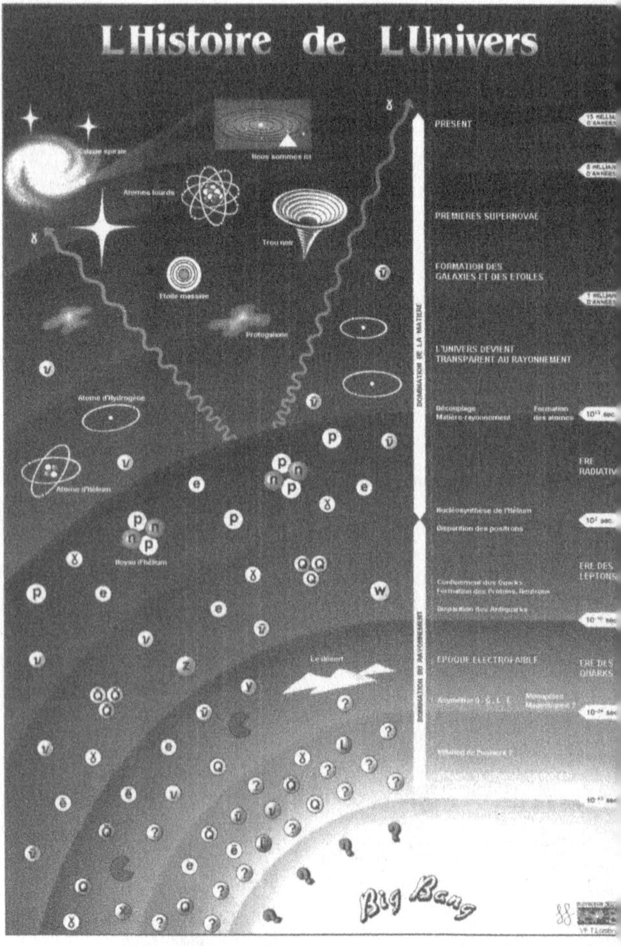

L'Histoire de L'Univers
PRESENT
PREMIERES SUPERNOVAE
FORMATION DES GALAXIES ET DES ETOILES
L'UNIVERS DEVIENT TRANSPARENT AU RAYONNEMENT
Découplage Matière-rayonnement
Formation des atomes
Nucléosynthèse de l'Hélium
Disparition des positrons
ERE DES LEPTONS
EPOQUE ELECTROFAIBLE
ERE DES QUARKS
DOMINATION DE LA MATIERE
DOMINATION DU RAYONNEMENT
Nous sommes ici
Atomes lourds
Trou noir
Etoile massive
Protogalaxie
Atome d'Hydrogène
Atome d'Hélium
Noyau d'hélium
Big Bang

Petite histoire du Big Bang

Quand infiniment grand et infiniment petit se rejoignent

Si la mécanique quantique permet de percer les mystères de l'infiniment petit, et la théorie de la relativité de mieux comprendre ceux de l'infiniment grand, il est un moment de l'histoire de notre univers – ses premiers instants – où infiniment grand et infiniment petit ne peuvent plus être distingués.

Sur l'origine de notre univers, les connaissances actuelles ne permettent aux scientifiques aucune certitude. Toutefois, ces mêmes connaissances les ont conduits à formuler une hypothèse qui nous est familière sous le nom de Big Bang. Elle rend compte des phases successives de l'évolution de notre univers jusqu'à aujourd'hui. Selon elle, en remontant le temps, on rencontre une superforce à l'origine des quatre forces (gravité, force électronucléaire forte, force électronucléaire faible, force électromagnétique) qui s'exercent aujourd'hui ; des particules qui apparaissent, s'annihilent, se lient et finissent par former des atomes ; des atomes qui par le jeu des forces s'amassent pour constituer des planètes, des étoiles, des galaxies... C'est cette hypothèse que nous allons maintenant exposer en détail. Certains de ses aspects sont largement vérifiés. D'autres, hautement spéculatifs, attendent des confirmations expérimentales et la résolution de difficultés théoriques.

DE L'ORIGINE À LA GRANDE UNIFICATION

Comprendre l'évolution de notre univers, c'est en saisir la succession de changements d'état.

10^{-43} seconde : le premier basculement s'opère avec la libération de la gravité ! Laps de temps infime et pourtant suffisant pour briser la symétrie originelle ! De l'indifférenciation primordiale à l'ère de la grande unification : arrêt sur la première transition de phase.

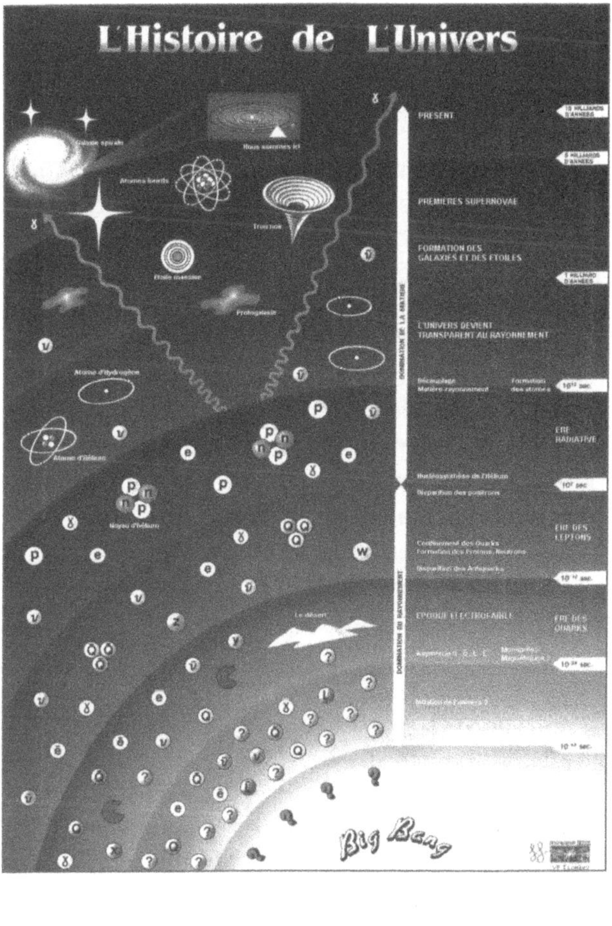
L'Histoire de L'Univers
PRESENT
PREMIERES SUPERNOVAE
FORMATION DES GALAXIES ET DES ETOILES
L'UNIVERS DEVIENT TRANSPARENT AU RAYONNEMENT
ERE RADIATIVE
ERE DES LEPTONS
EPOQUE ELECTROFAIBLE
ERE DES QUARKS
Big Bang

L'ère de Planck

Baptisée ère de Planck, la période couvrant les tous premiers instants de l'univers demeure aujourd'hui encore source d'interrogations et d'hypothèses. Tout se réduit alors à une sorte d'atome d'énergie où règne une température d'environ 10^{32} degrés. Temps, espace, matière et énergie sont indiscernables et les quatre forces d'interaction universelle - gravitationnelle, électromagnétique, nucléaires forte et faible – sont alors réunies en une seule superforce : la supergravité quantique. La matière n'ayant pas encore pris corps, ce monde primordial est dépourvu de particules élémentaires mais habité de particules et d'antiparticules virtuelles qui apparaissent et disparaissent sans cesse.

10^{-43} seconde : libération de la gravité

Cet univers primitif a une durée de vie très courte, 10^{-43} seconde à peine. C'est en effet à cet instant précis que le premier bouleversement de l'histoire du cosmos se produit : la gravité se sépare de la superforce originelle et devient autonome. De très faible intensité, cette interaction n'agit que sur

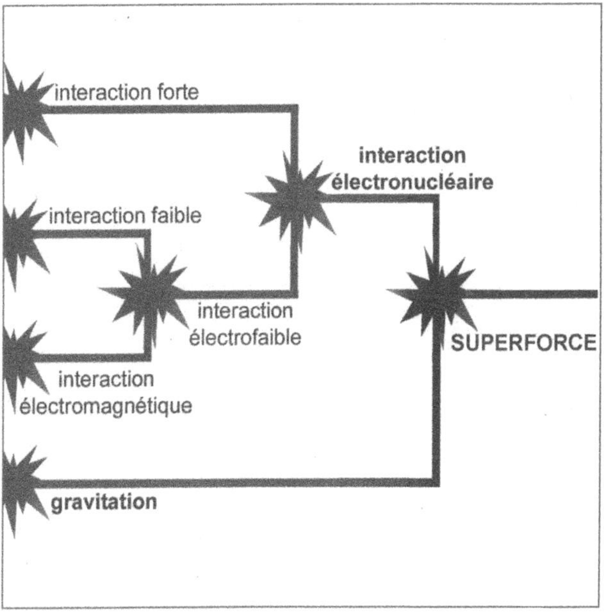

les énormes masses par un effet cumulatif. Parallèlement, une nouvelle force obéissant aux lois de la mécanique quantique fait son apparition à l'échelle des particules : la force électronucléaire, résultat de l'union des interactions électromagnétique et nucléaires forte et faible. C'est ce que l'on appelle l'ère de la grande unification.

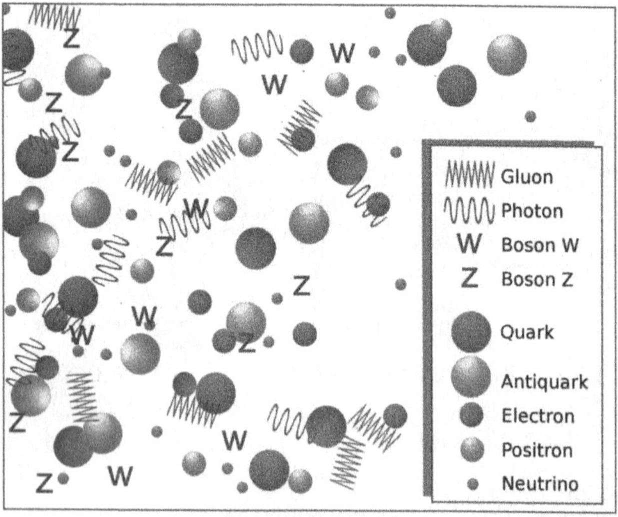

Pendant l'ère de la grande unification, les quarks ne sont pas encore confinés dans des hadrons. Ils forment ce qu'on appelle le Plasma Quark-Gluon (QGP).

FIN DE LA GRANDE UNIFICATION ET NAISSANCE DE LA MATIÈRE

10^{-35} seconde, c'en est fini de la grande unification : l'interaction forte se sépare à son tour. Cette nouvelle transition de phase s'accompagne d'une immense libération d'énergie à l'origine de l'ère inflationnaire et de la naissance de la matière. 10^{-12} seconde, dernier sursaut : l'interaction électrofaible, vestige de la superforce, se scinde en interaction faible et interaction électromagnétique. Les quatre forces fondamentales règnent désormais sur l'univers.

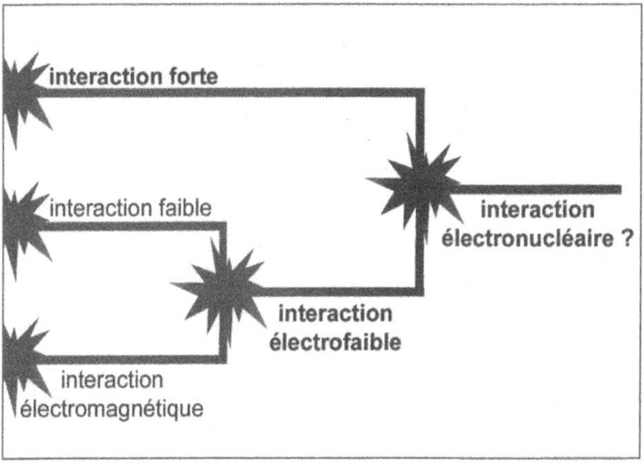

10^{-35} seconde : libération de l'interaction forte et inflation

Depuis l'origine, la température de l'univers naissant ne cesse de baisser. À 10^{-35} seconde, elle chute et atteint le seuil de 10^{27} °K : la force nucléaire se scinde en deux, séparant la force nucléaire forte de l'interaction électrofaible. L'immense énergie alors libérée imprime à l'expansion de l'univers une accélération sans précédent : c'est l'inflation ! Durant cette phase d'expansion accélérée, les dimensions de l'univers sont multipliées par un facteur compris entre 10^{30} et 10^{50} : la trame du cosmos enfle considérablement entraînant avec elle les particules.

10^{-33} seconde : la naissance des quarks

Un autre événement fondateur pour l'histoire de notre univers découle de cette gigantesque libération d'énergie : la naissance des premières briques élémentaires de la matière, les quarks. Les particules virtuelles présentes dans l'univers en profitent en effet pour se métamorphoser en particules ordinaires en absorbant, sans avoir à la restituer, l'énergie soudainement libérée. Quarks et antiquarks (antiparticules ayant une charge opposée) viennent alors remplir l'univers.

10^{-12} seconde : quatre forces et des leptons

L'univers continue de se refroidir. À 10^{-12} seconde : il atteint la température de 10^{15} °K. Une nouvelle rupture s'opère : l'interaction électrofaible se scinde à son tour en force nucléaire faible et force électromagnétique. Les quatre grandes interactions fondamentales sont désormais libres dans l'univers !

De nouvelles particules légères – les leptons regroupant : électrons, muons, neutrinos et antiparticules respectives –, sensibles à l'interaction faible, font alors leur apparition aux côtés des quarks.

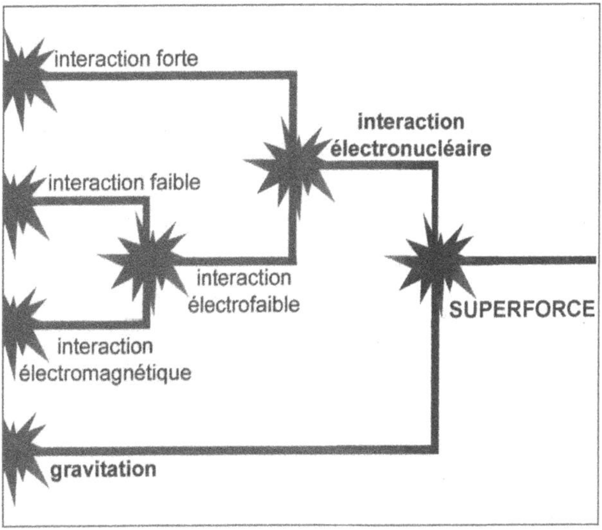

LES GRANDES ANNIHILATIONS

Quarks, antiquarks, électrons, positrons... Dans ses premiers instants, l'univers est comparable à un plasma dans lequel particules et antiparticules coexistent, se rencontrent et s'annihilent mutuellement. Et pourtant, comme en témoigne l'univers dans lequel nous vivons, la matière sort victorieuse. Chronique de la mort annoncée de l'antimatière !

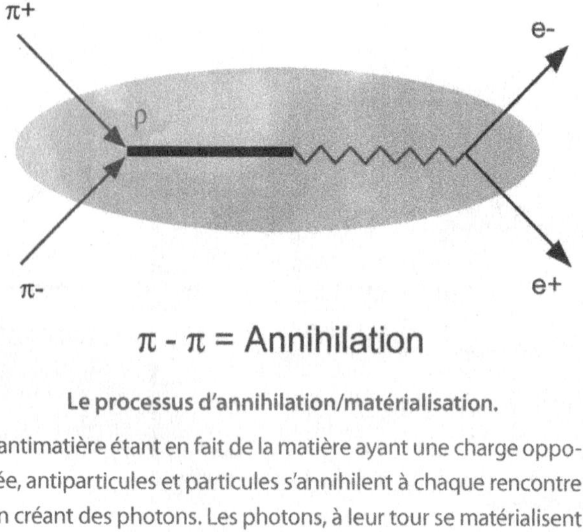

Le processus d'annihilation/matérialisation.

L'antimatière étant en fait de la matière ayant une charge opposée, antiparticules et particules s'annihilent à chaque rencontre en créant des photons. Les photons, à leur tour se matérialisent en paires de particules-antiparticules.

Le confinement des quarks

À 10^{-6} seconde, la température atteint 10^{13} °K. Les quarks ne disposent plus d'assez d'énergie pour résister à l'interaction forte qui prend alors le dessus et les contraint au confinement. Jusqu'ici libres de leurs mouvements, les quarks forment désormais des objets composites, les hadrons.

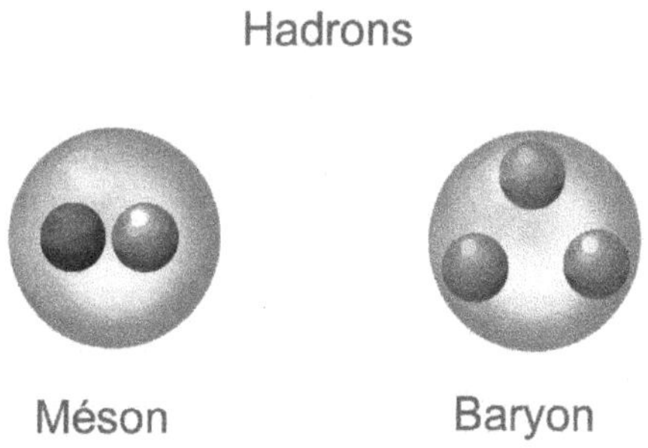

Il existe différents types de hadrons :
— les baryons qui résultent de l'association de trois quarks, parmi lesquels les nucléons (neutron et le proton) ;
— les mésons qui résultent de l'association d'une paire quark/antiquark.

La première grande annihilation baryons/antibaryons

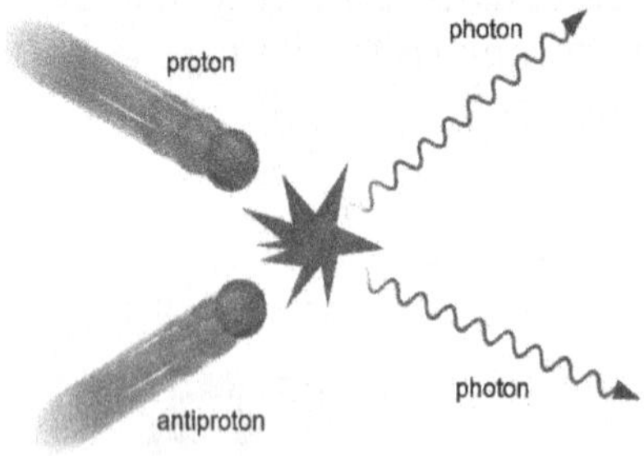

Annihilation entre un proton et un antiproton.

La température diminuant, un autre phénomène se produit : les photons n'ont plus assez d'énergie pour se convertir en couple nucléons/antinucléons alors que la réaction inverse est toujours possible. L'équilibre entre matière et antimatière se rompt. Nucléons et antinucléons s'annihilent massivement. Un résidu de nucléons demeure pourtant à l'issue de cette guerre. Comment l'expliquer ? On peut invoquer une infime dissymétrie s'étant opérée en faveur de la matière lors de sa naissance. Du fait de cette asymétrie, pour 1 milliard d'antiquarks créés, il y a un quark de plus. Les quarks des protons et des neutrons sont donc en faible excès par rapport aux antiquarks de leurs antiparticules. Protons et neutrons survivront ainsi, bien qu'en infime proportion, à la première grande annihilation.

La seconde grande annihilation leptons/antileptons

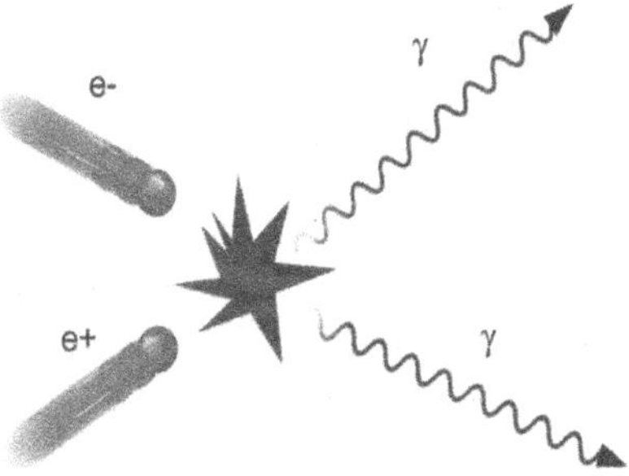

Annihilation entre un électron et un positron.

Alors que les neutrons et les protons viennent de prendre le pas sur leurs antiparticules, commence, entre 10^{-4} et une seconde, la seconde grande annihilation. La température ayant atteint 10^{12} °K, les photons ne sont cette fois-ci plus en mesure de se matérialiser en paire d'électrons/antiélectrons. Électrons et antiélectrons s'annihilent donc irrémédiablement dans un immense bain de photons. Cependant, la légère asymétrie matière-antimatière qui avait permis à quelques baryons de survivre étant encore à l'œuvre dans les mêmes proportions, quelques électrons survivront à cette seconde grande annihilation.

Victoire de la matière

Une seconde après son origine, l'univers se compose donc de neutrons, de protons et d'électrons isolés, seuls rescapés des annihilations successives qui ont eu raison de l'antimatière.

DE LA NUCLÉOSYNTHÈSE PRIMORDIALE À LA RECOMBINAISON

Après la disparition de l'antimatière, la domination des photons dans l'univers inaugure l'ère du rayonnement. Aux alentours de 3 minutes, la température atteint 10^9 °K. Un nouvel événement capital se produit alors : les protons et neutrons, libres jusqu'à cet instant, s'associent pour former les premiers noyaux atomiques. C'est la nucléosynthèse primordiale.

Le déséquilibre entre neutrons et protons

Pour mieux appréhender la nucléosynthèse primordiale, il nous faut expliquer le déséquilibre entre neutrons et protons engendré par la quasi-disparition des électrons. Ayant une durée de vie supérieure à 10^{30} ans, le proton est considéré comme stable à l'inverse du neutron qui, isolé, se désintègre en une quinzaine de minutes. Pendant l'ère leptonique, un électron entrant en collision avec un proton transformait ce dernier en neutron par l'intermédiaire de la force électrofaible. Le déséquilibre engendré par la désintégration des neutrons pouvait donc ainsi être corrigé. Mais avec la quasi disparition des électrons lors de la seconde annihilation, cette réaction se voit contrariée. La proportion relative des neutrons et des protons évolue donc rapidement en faveur du proton. Le neutron, devenu instable, n'a plus quant à lui qu'un quart d'heure à vivre !

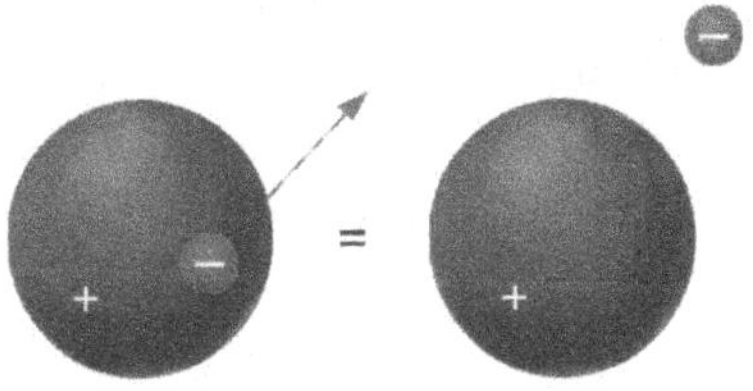

Neutron = Proton + Electron

La nucléosynthèse primordiale

Avant que la température n'atteigne le seuil de 10^9 °K, un phénomène paradoxal était à l'œuvre dans l'univers : alors que la force forte tendait à associer protons et neutrons pour former des noyaux atomiques, les photons tendaient quant à eux à casser de telles liaisons. Mais avec la chute de température, rien ne va plus pour les photons : leur énergie étant amoindrie, ils ne sont plus en mesure de casser les liaisons établies par la force forte. À partir de la troisième minute, neutrons et protons peuvent enfin s'associer durablement. Le neutron, en sursis jusqu'ici, se stabilise alors. Ainsi, on assiste, entre 3 et 15 minutes, à la naissance des premiers noyaux complexes (deutérium, tritium, hélium) créés à partir des protons et des neutrons disponibles à cet instant. Or nous savons maintenant que protons et neutrons n'étaient pas en proportions identiques au début de la nucléosynthèse. Précisément : il n'y avait que deux neutrons pour environ 14 protons. Un noyau d'hélium nécessitant l'association de 2 protons et de 2 neutrons, pour un noyau d'hélium créé il reste 12 protons (hydrogène). Si l'on considère plutôt la masse de ces éléments, nous pouvons donc ainsi décrire la composition de l'univers : 25 % d'hélium et 75 % d'hydrogène.

Il faudra attendre 380 000 ans et la baisse de la température à 3 000 °K pour que les électrons puissent enfin s'associer aux protons des noyaux et donner naissance aux atomes.

Les théories unificatrices du modèle standard

La théorie électrofaible : premier pas vers une théorie unifiée

Du règne de la superforce à la naissance des atomes : voilà les premières années (380 000 ans tout de même !) de l'univers retracées selon l'hypothèse du Big Bang formulée par les astrophysiciens. Mais, pour être définitivement acceptée, une telle hypothèse devrait pouvoir s'appuyer sur une théorie unique capable de rendre compte simultanément des quatre forces à l'œuvre dans l'univers. C'est cette théorie que les physiciens tentent désormais d'édifier. Explorons les débuts de cette « quête du Graal » encore inachevée !

Vers une unification de l'électromagnétisme et de l'interaction faible

En 1961, S. Glashow propose une théorie capable d'expliquer à la fois l'électromagnétisme et l'interaction faible. Cette théorie prévoit l'existence de quatre vecteurs pour ces forces : les bosons W^+, W^- et Z^0 pour l'interaction faible et le photon pour l'électromagnétisme. Toutefois, elle soulève un problème de taille : d'après les équations, la masse de chacun de ces bosons devraient être nulle ce qui implique que la portée des forces dont ils sont les vecteurs soit infinie. Or, si tel est bien le cas pour l'électromagnétisme, il en est tout autrement pour l'interaction faible dont la portée n'excède pas 10^{-18} m. L'expérience semble signer un coup d'arrêt définitif au rêve d'unification des physiciens !

Le mécanisme de Higgs au secoursde la théorie

Weinberg apporte, en 1964, une solution en introduisant dans la théorie de Glashow le mécanisme de brisure spontanée de symétrie proposé par Englert, Brout et Higgs. Ce mécanisme prévoit l'existence d'un nouveau boson : le boson de Higgs qui donne leur masse aux bosons W^+, W^- et Z^0 au moment où électromagnétisme et interaction faible se séparent. Ainsi, au dessus d'une certaine énergie (100 GeV), interaction faible et électromagnétisme

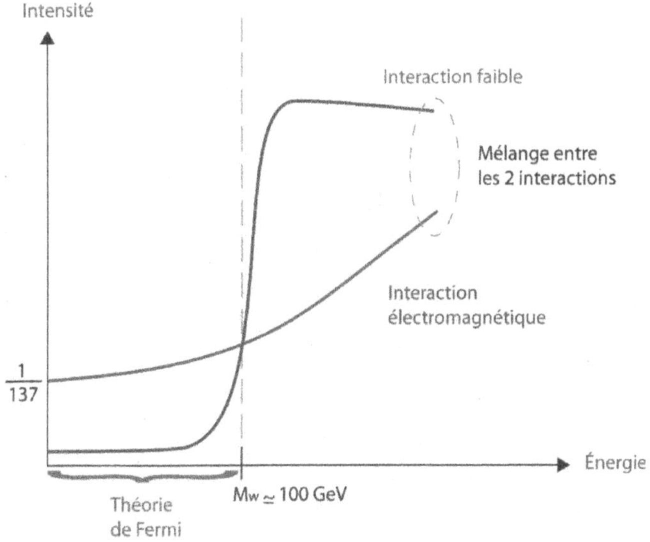

Évolution de l'intensité des interactions faible et électromagnétique en fonction de l'énergie.

se rejoignent. *A contrario*, en deçà de cette énergie, les bosons de l'interaction faible acquièrent leur masse alors que le photon conserve sa masse nulle. La théorie électrofaible est désormais cohérente avec les données expérimentales sur la portée des forces.

La brisure spontanée de symétrie

Le mécanisme de brisure spontanée de symétrie repose sur l'idée que les symétries présentent dans une équation peuvent différer des symétries présentes dans les solutions de ces équations. Pour le comprendre, prenons l'exemple du ferromagnétisme. Au dessus d'une certaine température, les dipôles magnétiques présents dans le fer s'orientent dans des directions aléatoires. Si on applique au système constitué de ces dipôles une symétrie de rotation, le système reste invariant. En revanche, en dessous de cette température critique, les dipôles magnétiques s'orientent tous dans une même direction. La symétrie de rotation est spontanément brisée.

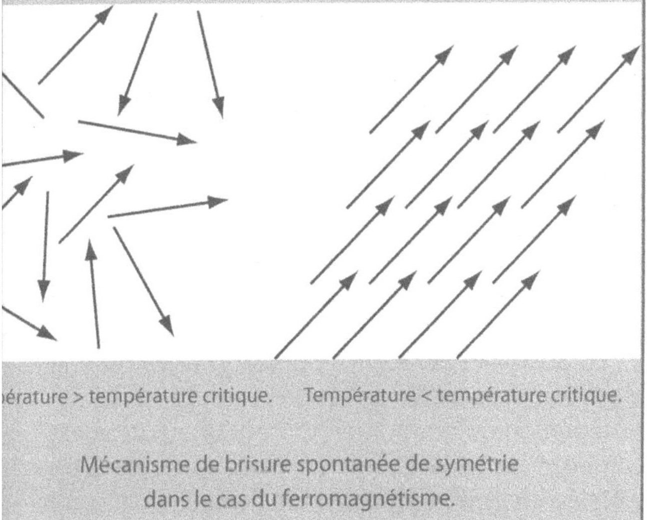

Mécanisme de brisure spontanée de symétrie
dans le cas du ferromagnétisme.

THÉORIE CHERCHE BOSON POUR ÊTRE CONFIRMÉE

La théorie électrofaible rencontre très vite ses premiers succès. En effet, les recherches menées dans les accélérateurs de particules ne tardent pas à révéler l'existence des bosons vecteurs de l'interaction faible (W^+, W^- et Z^0). Néanmoins un boson manque toujours à l'appel : le fameux boson de Higgs ! Une disparition peut-être prochainement résolue puisque les chercheurs espèrent le déceler grâce au Large Hadron Collider du CERN.

La désintégration du neutron

En postulant l'existence du boson W^-, la théorie électrofaible permet de rendre compte de la désintégration du neutron en proton. Un neutron est composé de deux quarks down et d'un quark up alors qu'un proton est constitué de deux quarks up et d'un quark down.

Par quel processus le neutron se désintègre-t-il en proton ?

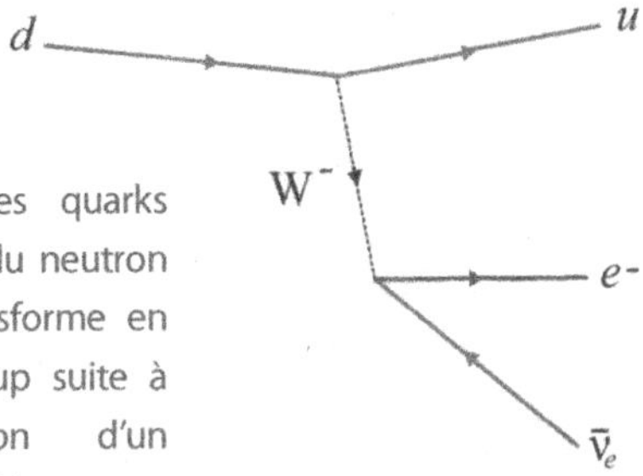

L'un des quarks down du neutron se transforme en quark up suite à l'émission d'un boson W⁻.

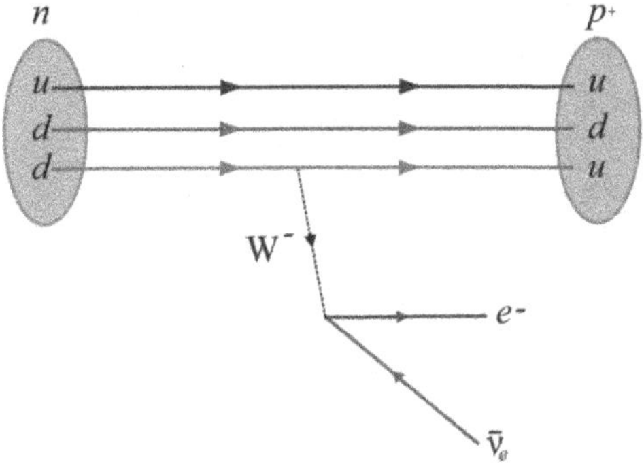

Suite à cette émission, le nucléon n'est plus composé de deux quarks down et d'un quark up mais de deux quarks up et d'un quark down. Le neutron s'est désintégré en proton.

Les premières confirmations expérimentales

Si la théorie électrofaible permet de rendre compte de certains phénomènes, elle remporte ses plus vifs succès grâce aux confirmations expérimentales de ces prédictions. Expliquant la désintégration du muon par l'émission d'un boson W^-, la théorie électrofaible permet de calculer une durée de vie du muon qui correspond à la valeur trouvée expérimentalement. Plus saisissant encore, la mise en évidence en 1973 au CERN des courants neutres prédits par la théorie électrofaible qui prévoit l'existence du boson Z^0. Dernier de ces succès : la découverte en 1983 au CERN des bosons $W^{\pm}$ et Z^0.

Si ces éléments plaident largement en faveur de la théorie électrofaible, les physiciens savent que sa confirmation définitive passe par la détection du boson de Higgs.

Higgs, où es-tu ?

Ce boson préoccupe aujourd'hui de nombreux physiciens. Et pour cause... c'est lui qui serait responsable de la masse des bosons intermédiaires mais également de celle des quarks et des leptons.

Pierre d'angle du modèle standard actuel, le boson de Higgs, en raison de sa très grande masse, n'a jusqu'à présent pas pu être détecté. Un nouvel instrument, le LHC (grand collisionneur de hadrons), devrait atteindre des énergies permettant de le déceler. Toutefois malgré ses performances, les physiciens savent déjà que le boson de Higgs, s'il existe, n'apparaîtra que dans une collision sur un milliard. Quant aux détecteurs, malgré leur qualité, ils ne permettront de le détecter que dans 0,5 % des cas... Bienheureux celui qui mettra la main sur ce boson tant recherché !

Vue de l'un des tunnels du LHC.

VERS LES THÉORIES DE LA GRANDE UNIFICATION

Les physiciens ont poussé encore plus loin leur quête d'unification en imaginant une théorie capable de réunir la force électrofaible à l'interaction nucléaire forte en une interaction électronucléaire. Un constat les a encouragés à s'engager dans cette voie : les théories qui rendent indépendamment compte des interactions électromagnétique, faible et forte, possèdent un point commun. Elles s'appuient toutes trois sur des symétries de jauge.

Le problème de l'intensité des forces

L'idée de réunir en une seule force les interactions faible, forte et électromagnétique est séduisante mais elle se heurte d'emblée, comme dans le cas de l'interaction électrofaible, à une objection de taille : chacune de ces interactions possède une intensité différente des deux autres. Cet obstacle est rapidement dépassé lorsqu'on sait que l'intensité des interactions n'est pas constante mais varie en fonction des énergies auxquelles on la mesure. Ainsi, les intensités des forces faible, forte et électromagnétique devraient se rejoindre pour une énergie de 10^{15} GeV.

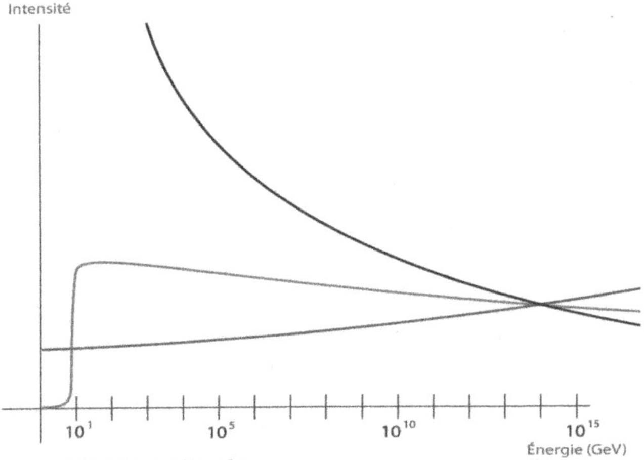

— : interaction nucléaire forte
— : interaction nucléaire faible
— : interaction électromagnétique

Un mécanisme similaire au mécanisme de Higgs

Comment expliquer que trois interactions constituant initialement une même et unique force (la force électronucléaire) se manifestent distinctement dans notre réalité ? Pour rendre compte de la séparation de l'interaction forte d'avec l'interaction électrofaible, les physiciens ont recours au même mécanisme que celui qui expliquait la séparation de la force électrofaible en interaction faible et électromagnétique : la brisure spontanée de symétrie. Dans le cas des théories de la grande unification (GUT), cette brisure ferait intervenir l'existence de 12 bosons de jauge massifs nommés bosons X et bosons Y en plus des bosons vecteurs des trois interactions (8 gluons, bosons $W^{\pm}$ et Z^{0}, photon). Les bosons X et Y ont la particularité de posséder des propriétés appartenant à la fois aux quarks et aux leptons. D'après les GUT, les quarks peuvent donc se transformer en leptons et réciproquement.

La désintégration du proton en photon

Grâce aux GUT, on peut expliquer que le proton se transforme en photons en émettant des bosons X et Y. Une telle transformation pose évidemment le problème de la stabilité de la matière. Heureusement, les bosons X et Y étant très massifs, la durée de vie du proton est très grande. Les théories de la grande unification permettent de calculer cette durée de vie à 10^{31} ans. Pas d'inquiétude donc !

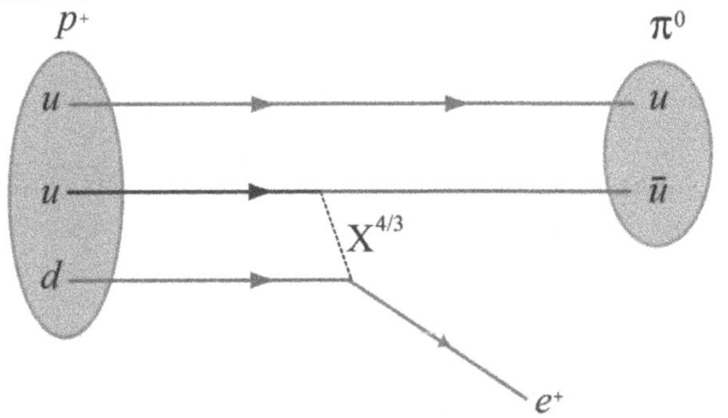

Désintégration du proton en pion et positron : première étape de la désintégration du proton en photon.

UNE HYPOTHÈSE ORIGINALE : LA SUPERSYMÉTRIE

Certains résultats prévus par les théories de la grande unification s'opposent aux données expérimentales. Faut-il, dès lors, renoncer à l'unification de la force électrofaible et de l'interaction forte ? Plutôt que de se résoudre à un tel abandon, les chercheurs ont imaginé de nouveaux modèles plus en adéquation avec la réalité. L'un des plus prometteurs porte le nom de supersymétrie.

Les GUT en butte aux données expérimentales

Malgré leur assise théorique, les théories de la grande unification restent encore inachevées. En effet, les mesures expérimentales contredisent certaines de leurs prédictions :

— la durée de vie du proton serait supérieure à 10^{32} ans ;
— les intensités des trois interactions ne convergent pas à 10^{15} GeV mais se croisent en formant un triangle.

D'autre part, l'échelle énergétique des GUT (10^{15} GeV) se situe à 13 ordres de grandeur de celle de la théorie électrofaible (100 GeV) et les théories de grande unification ne sont pas en mesure d'expliquer une telle séparation.

Contrairement aux prédictions des GUT, les intensités des trois interactions ne convergent pas à une énergie de 1015 GeV.

De nouvelles symétries à l'œuvre dans la nature

Afin de dépasser ces obstacles, les physiciens ont imaginé qu'il pourrait exister une autre symétrie dans la nature : à chaque fermion correspondrait un boson et *vice versa*. Or, les caractéristiques des particules actuellement connues n'autorisent pas à considérer que les bosons sont les partenaires symétriques des fermions. Le physicien P. Fayet a alors proposé une théorie originale postulant l'existence de nouvelles particules qui constitueraient les superpartenaires des bosons et des fermions. Ainsi, à chaque quark, électron ou neutrino dont les spins prennent des valeurs demi-entières serait associé un squark, sélectron ou sneutrino dont les spins ont des valeurs entières. De même, aux photons, gluons, bosons W et Z de spins entiers correspondraient des photinos, gluinos, winos et zinos de spins demi entiers.

Les superpartenaires des bosons

Nom	Spin	Superpartenaire	Spin
Graviton	2	Gravitino	3/2
Photon	1	Photino	1/2
Gluon	1	Gluino	1/2
$W^{+,-}$	1	$\text{Wino}^{+,-}$	1/2
Z^0	1	Zino	1/2
Higgs	0	Higgsino	1/2

Les superpartenaires des fermions

Name	Spin	Superpartenaire	Spin
Électron	1/2	Selectron	0
Muon	1/2	Smuon	0
Tu	1/2	Stau	0
Neutrino	1/2	Sneutrino	0
Quark	1/2	Squark	0

Les conséquences d'une théorie supersymétrique

Grâce à la supersymétrie, on rétablit la convergence des intensités des interactions pour une énergie de 10^{16} GeV. En effet, l'évolution de ces trois interactions est modifiée à partir de 10^{3} GeV en raison de l'intervention des particules superpartenaires.

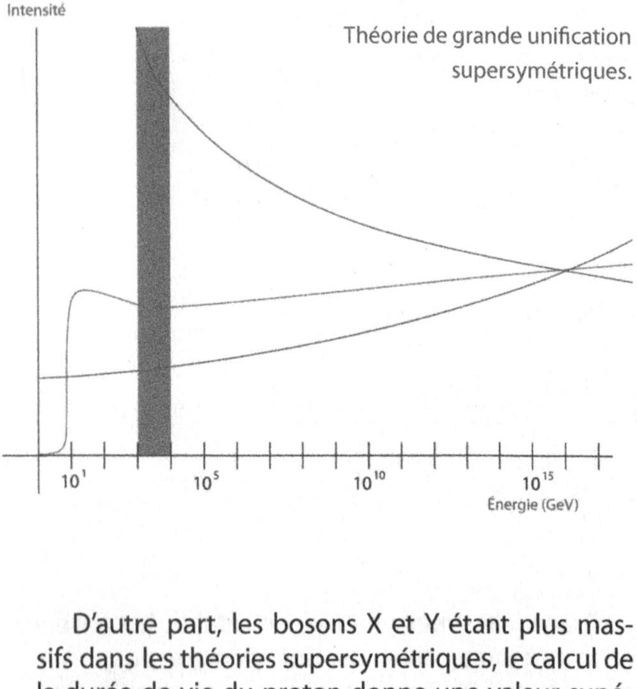

D'autre part, les bosons X et Y étant plus massifs dans les théories supersymétriques, le calcul de la durée de vie du proton donne une valeur supérieure à 10^{32} ans ce qui coïncide avec les données expérimentales.

À la recherche d'un nouveau mécanisme de brisure de symétrie

Bien que très prometteuses, les théories supersymétriques rencontrent un problème encore irrésolu. Les particules supersymétriques doivent être très massives puisqu'elles n'ont jamais été détectées. Or pour rendre compte de ces masses très importantes, il faut encore une fois recourir à un mécanisme de brisure de symétrie. Difficulté : le mécanisme connu de brisure spontanée de symétrie ne convient pas dans le cas des théories supersymétriques. De nombreux physiciens tentent donc aujourd'hui de mettre au point un modèle susceptible d'expliquer la brisure de supersymétrie.

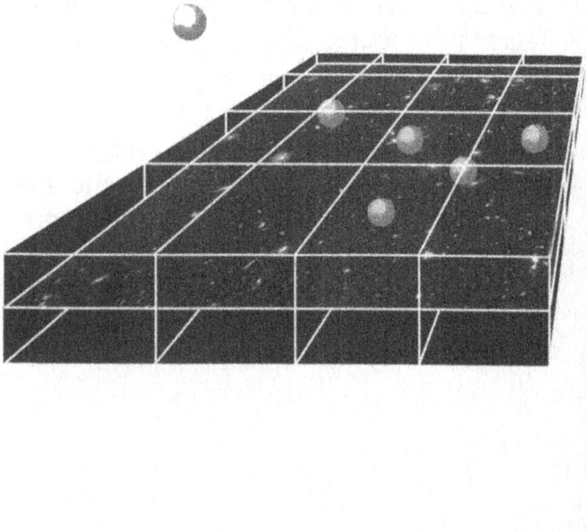

La théorie du tout

LES PHYSICIENS DE PLUS EN PLUS PROCHES DE LA THÉORIE DU TOUT

Les théories unificatrices présentées précédemment entrent toutes dans le cadre du modèle standard des particules. Dans ce modèle qui porte sur l'infiniment petit, la gravitation peut être négligée puisqu'elle n'agit qu'à l'échelle de l'infiniment grand. Néanmoins, les physiciens recherchent activement un modèle qui pourrait traiter la gravitation de manière quantique et ainsi unifier les quatre interactions fondamentales.

Quand les particules deviennent des cordes

Dans les théories des cordes, les particules ne sont plus décrites comme des points mais comme des cordes ouvertes ou fermées dont les dimensions seraient de l'ordre de la longueur de Planck.

Tout comme les cordes d'une guitare, ces cordes ont la propriété de vibrer. Ainsi les différents modes de vibration d'une corde correspondent aux différentes particules. Par exemple, un quark se distingue d'un électron par la vibration qui le caractérise.

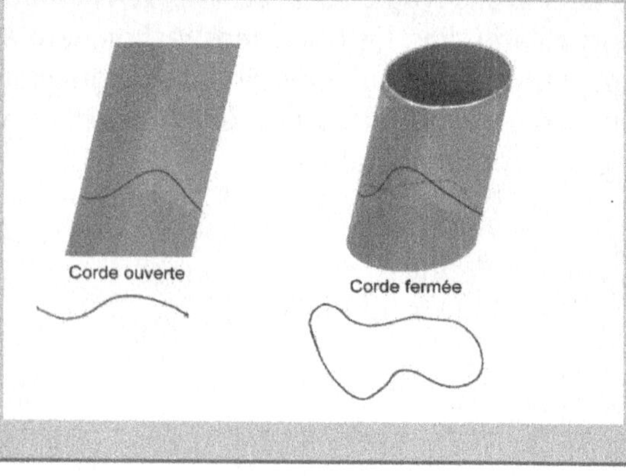

Des cordes aux supercordes

En 1968, Veneziano imagine de représenter les particules sous forme de cordes pour résoudre le problème du confinement des quarks au sein des hadrons mais son idée est rapidement supplantée par la chromodynamique quantique.

Un temps abandonnée, la description des particules sous forme de cordes ressurgit lorsque Schwarz et Scherk s'aperçoivent, en 1975, qu'une telle description permet de rendre compte de manière quantique de la gravitation. En effet, la théorie des cordes prévoit l'existence d'une particule de masse nulle et de spin 2 qui peut être identifiée au graviton, boson vecteur de la gravitation. La théorie des cordes est née mais elle ne concerne que les bosons et nécessite d'imaginer un espace à 26 dimensions.

Dix ans plus tard, en introduisant la supersymétrie dans cette théorie, les physiciens élaborent des théories, dites des supercordes, qui permettent de rendre compte des bosons mais également des fermions. De plus, ces théories ne requièrent plus que des espaces à 10 dimensions.

Le problème des dimensions supplémentaires

10 dimensions au lieu de 26, c'est bien ! Mais nous vivons dans un univers à quatre dimensions (trois spatiales et une temporelle). Où sont passées les 6 dimensions supplémentaires ? La réponse à ce problème est apportée par l'idée de compactification élaborée par Kaluza et Klein. D'après cette idée, les dimensions supplémentaires seraient enroulées sur elles-mêmes de telle sorte que nous ne les percevons pas.

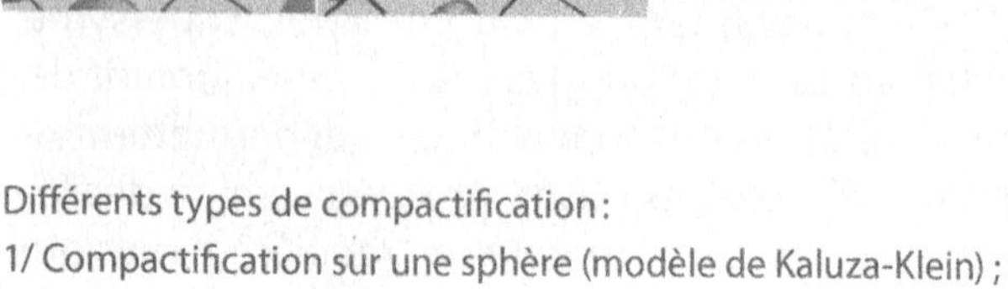

Différents types de compactification :
1/ Compactification sur une sphère (modèle de Kaluza-Klein) ;
2/ compactification sur un tore ;
3/ Compactification des 6 dimensions supplémentaires selon le modèle de Calabi-Yau.

DERRIÈRE LES THÉORIES DES SUPERCORDES, UNE THÉORIE PLUS FONDAMENTALE ?

Les théories des supercordes sont les candidates les plus sérieuses au titre de la théorie du tout. Pour autant constituent-elles la théorie ultime ? Depuis les années 90, les physiciens pensent qu'une théorie plus fondamentale se cacherait derrière ces théories.

Les théories des supercordes sont-elles radicalement différentes les unes des autres ?

Il existe cinq théories des supercordes (type I, type IIA, IIB, HO et HE) capables de rendre compte des lois de la Nature. Longtemps les théoriciens des cordes ont pensé que seule l'une d'entre elles se révèlerait correcte et pourrait prendre le nom de théorie du tout. Mais ils se sont aperçus que ces cinq théories sont en fait reliées par des transformations appelées « dualités ». Ainsi, chacune de ces théories ne constitue en fait qu'une façon spécifique de considérer une théorie plus fondamentale qui s'apparenterait, elle, à la théorie du tout. Le nom

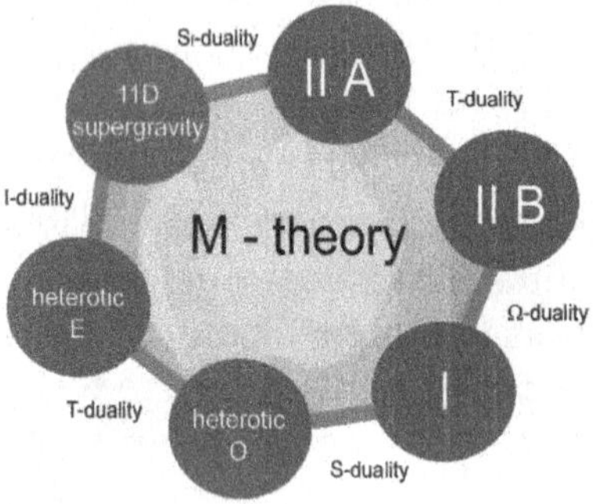

de cette théorie : la théorie M, le M pouvant prendre plusieurs sens : mère, mystère, magie ou encore membrane.

Les théories de supercordes reliées par les différentes dualités.

De nouveaux objets mathématiques : les branes

La théorie M, comme les théories des supercordes, contient de nouveaux objets mathématiques étendus et de dimensions variées : les branes. Par exemple, les cordes seraient des branes à une dimension et notre univers une brane à 3 dimensions spatiales plus une dimension temporelle. Les cordes ouvertes (c'est-à-dire les fermions et donc la matière) seraient confinées dans notre univers. Les cordes fermées (comme le graviton) pourraient en revanche circuler entre les différentes branes constituant l'espace à 11 dimensions prévu par la théorie M. Ce phénomène expliquerait la très faible intensité de la gravitation dans notre univers.

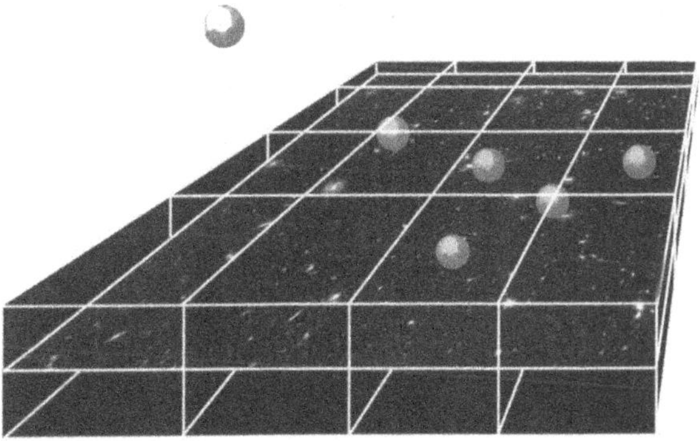

Représentation de notre univers branaire confinant toute la matière. En bleu, les gravitons. L'un d'entre eux quitte notre brane.

Les théories des supercordes et la théorie M encore inachevées

Pour compléter les théories de supercordes et la théorie M, les physiciens devront dépasser deux difficultés majeures :

— les outils mathématiques qui permettront le développement de ces théories ne sont pas encore tous inventés ;

— les échelles d'énergie et de taille auxquelles se situent les phénomènes décrits par ces théories ne peuvent pas être atteintes expérimentalement... même avec le LHC du CERN.

Le LHC, un guide pour la physique de demain

Des questions, la physique n'en manque pas. En effet, en plus des interrogations que soulèvent les théories les plus récentes, il reste des problèmes

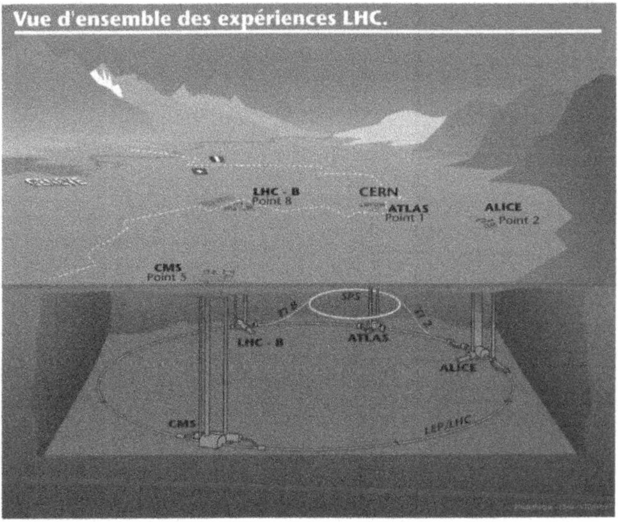

Localisation des quatre expériences menées prochainement au LHC. © LHC.

auxquels même ces théories n'apportent pas de réponses satisfaisantes. Les quarks et les leptons sont-ils les constituants ultimes de la matière ? Pourquoi existe-t-il trois familles de quarks et de leptons ? Comment expliquer leur masse ? D'autres particules et d'autres forces agissent-elles à une plus grande échelle d'énergie ?

Quelles réponses apporteront quatre des expériences menées au Large Hadron Collider du CERN ?

ATLAS

Objectifs :

— Détecter le boson de Higgs et des particules supersymétriques.

— Vérifier si les quarks sont les composants ultimes de la matière.

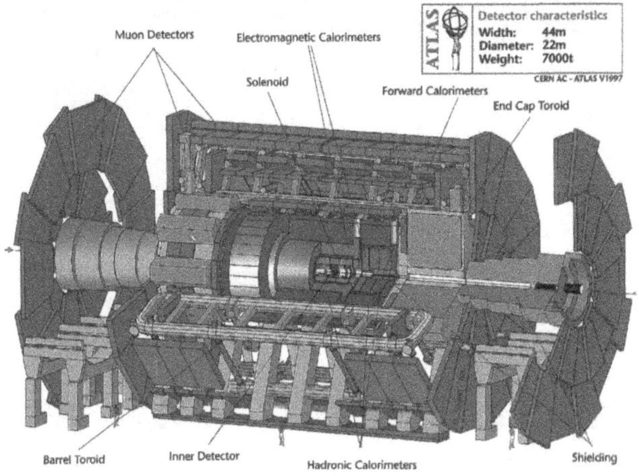

Schéma du détecteur ATLAS. © ATLAS.

CMS : COMPACT MUON SOLENOID

Objectifs :

— Mener des expériences de confirmation pour les résultats d'Atlas.

Trajectographe du CMS. (© CERN).

ALICE :
A LARGE ION COLLIDER EXPERIMENT

Objectifs :

— Reproduire le plasma quarks-gluons (QGP), état dans lequel devait se trouver les quarks à 10^{-35} s avant leur confinement.

— Étudier les propriétés de l'interaction forte et vérifier les prédictions de la chromodynamique quantique.

Schéma du détecteur ALICE.

LHCB

Objectifs :

— Analyser les mésons beaux et les désintégrations rares.

— Étudier la violation de CP à l'origine de l'asymétrie entre matière et antimatière.

Des expériences pour orienter les théories

Les énergies atteintes au LHC (14 TeV) permettront d'explorer des domaines encore inconnus. Pourtant, les expériences qui y sont menées n'apporteront pas directement de réponses à toutes les questions en suspens de la physique.

Néanmoins, en vérifiant certaines prédictions des théories du modèle standard et des théories des supercordes, le LHC devrait fournir aux physiciens les moyens de valider ou d'invalider certaines de leurs hypothèses et les guider dans leur quête d'unification. Affaire à suivre...

Glossaire

Boson

Particule de spin entier obéissant à la statistique de Bose-Einstein. Les bosons ont pour caractéristique de violer le principe d'exclusion de Pauli selon lequel des particules ne peuvent pas se trouver au même endroit dans un même état quantique.

Branes

En théorie des cordes, objet étendu et dynamique. Elles sont également nommées p-branes où p (compris entre 0 et 9) indique le nombre de dimensions spatiales de la brane. Ainsi, une 0-brane est une brane à zéro dimension spatiale et une dimension temporelle c'est-à-dire un point ; une 1-brane est une brane à une dimension spatiale et une dimension temporelle c'est-à-dire une corde ; une 2-brane est une brane à deux dimensions spatiales et une dimension temporelle c'est-à-dire une membrane ; etc.

Champ

Perturbations des propriétés d'un espace déterminé en raison de la présence de particules. Chaque particule influence le comportement d'autres particules par l'intermédiaire d'un champ qui a la propriété d'emmagasiner et de transporter de l'énergie.

Chromodynamique quantique
Théorie physique proposée en 1973 par Politzer, Wilczek et Gross pour rendre compte de l'interaction forte. Elle repose sur la théorie quantique des champs et explique l'interaction entre les quarks grâce aux gluons.

Cordes
Sorte de filament fermé ou ouvert qui vibre et se déplace. En théorie des cordes, une particule n'est plus décrite par un point comme en théorie quantique des champs mais par une corde de dimension très petite (10^{-33} m). En fonction de sa tension et de sa vibration, la corde sera un électron, un quark, etc.

Corpuscule
Corps d'une extrême ténuité ; particule.

Cosmologie
Branche de l'astrophysique qui étudie la structure et l'évolution de l'univers.

Effet tunnel
Propriété pour une particule de franchir une barrière de potentiel alors qu'elle ne devrait pas pouvoir le faire selon la mécanique classique.

Électrodynamique quantique
Théorie physique visant à donner une interprétation quantique de l'électromagnétisme. Elle repose sur la théorie quantique des champs et a été développée par Tomonaga, Schwinger, Feynman et Dyson.

Énergie noire (sombre)
Énergie hypothétique qui exercerait sur tout l'univers une force répulsive. Elle pourrait rendre compte de l'accélération de l'expansion de l'univers et de la constante cosmologique. Elle composerait l'univers à hauteur de 73 %.

Espace
Étendue à trois dimensions qui contient et entoure tous les objets.

Espace-temps
Espace à quatre dimensions (les trois dimensions de l'espace ordinaire et la dimension temporelle). Ces

quatre dimensions sont indispensables pour qu'un observateur puisse situer un phénomène. L'espace-temps est introduit par Einstein dans sa théorie de la relativité. Il remet profondément en cause nos schémas de pensée en rendant l'espace et le temps indissociables.

Ère de Planck

Période correspondant aux tous premiers instants de l'univers. Elle dure 10^{-43} secondes, durée appelée temps de Planck. Le temps de Planck correspond à la plus petite mesure de temps qui ait une signification dans les théories physiques actuelles. Il existe également une $\approx 10^{-35}$ m). Elle correspondrait à la longueur à partir de laquelle la gravité commencerait à avoir des effets quantiques.

État

Notion fondamentale en physique puisque c'est sur elle que repose la distinction entre mécanique classique et mécanique quantique. En effet, dans le cadre de la mécanique classique, l'état d'un système peut être décrit par la mesure des grandeurs physiques de ce système. En revanche dans le cadre de la mécanique quantique, l'état d'un système ne peut pas être déterminé par une mesure (aussi complète et précise soit elle) car les résultats qu'elle donne sont aléatoires. Il est toutefois possible de faire des prévisions probabilistes sur les résultats de cette mesure.

Éther

Fluide hypothétique dans lequel se propageraient les ondes électromagnétiques. Au fur et à mesure de l'évolution des théories sur les ondes, les physiciens accordèrent différentes propriétés à ce fluide. L'hypothèse de l'éther devint inutile avec la théorie de la relativité restreinte qui parvient à expliquer la constance de la vitesse de la lumière en faisant l'économie de ce concept.

Fermion

Particule obéissant à la statistique de Fermi-Dirac. Les fermions ont un spin demi entier et obéissent au principe d'exclusion de Pauli selon lequel des particules ne peuvent pas se trouver au même endroit dans un même état quantique.

Fond diffus cosmologique

Rayonnement électromagnétique de l'univers se propageant de manière uniforme. Caractérisé par une température de 3 °Kelvins, il serait le vestige d'une phase dense et chaude de l'univers.

Gravitation
Phénomène par lequel deux corps s'attirent. Newton, le premier, en donne l' expression à travers sa loi de la gravitation universelle. Einstein montrera que la loi de Newton n'est qu'une approximation de sa théorie de la relativité générale. Selon cette dernière, la gravitation est l'expression d'une déformation géométrique de l'espace-temps. En physique quantique, la gravitation est la dernière et la plus faible des quatre interactions fondamentales de la physique.

Hadron
Particule composée de quarks et donc sensible à l'interaction forte. On en distingue deux sortes : les baryons (neutron, proton) et les mésons.

Inflation
Modèle cosmologique s'insérant dans l'hypothèse du Big Bang. Il postule que l'univers a connu une phase durant laquelle il a connu une expansion violente et démesurée.

Interaction électrofaible
Interaction s'exerçant avant la brisure spontanée de symétrie qui libère l'interaction nucléaire faible et l'interaction électromagnétique.

Interaction électronucléaire
Interaction s'exerçant avant la brisure spontanée de symétrie qui libère l'interaction nucléaire forte et l'interaction électrofaible.

Interaction nucléaire faible
Responsable de la radioactivité β, cette interaction est plus forte que la gravitation mais plus faible que la force nucléaire forte et la force électromagnétique. Elle est transportée par les bosons W^+, W^- et Z^0. Elle est expliquée par la théorie électrofaible.

Interaction nucléaire forte
Responsable de la cohésion des hadrons et indirectement de celle des noyaux atomiques, cette interaction fondamentale est la plus forte des quatre interactions. Elle est transportée par les gluons et expliquée par la chromodynamique quantique.

Interaction électromagnétique
Responsable de nombreux phénomènes de notre quotidien (électricité, lumière, magnétisme, etc.), cette interaction fondamentale est cent fois plus faible que l'interaction forte mais plus forte que l'interaction faible et la gravitation. Elle est transportée par le photon et expliquée par l'électrodynamique quantique.

Lentille gravitationnelle
Objet massif se situant entre un observateur et une source de lumière. Il a pour effet, en courbant l'espace-temps, de modifier la trajectoire des rayons lumineux passant à sa proximité.

Matière noire (ou sombre)
Matière hypothétique qui ne serait pas décelable et constituerait 23 % de la masse de notre univers. Cette hypothèse répondrait aux problèmes posés par certains phénomènes (par exemple la vitesse des étoiles dans les galaxies, ou le mouvement des galaxies dans les amas).

Modèle standard
Théorie qui décrit les interactions forte, faible et électromagnétique ainsi que les particules élémentaires de la matière.

Nébuleuse
Nuage de gaz et de poussière interstellaire.

Onde
Propagation d'une perturbation produisant sur son passage des modifications réversibles des propriétés physiques locales. Elle transporte de l'énergie et non de la matière.

Particule virtuelle
Particule qui apparaît et disparaît en ayant une durée de vie très brève.

Périhélie
Point de l'orbite d'une planète le plus proche du soleil.

Principe de relativité
Principe selon lequel les lois physiques sont invariantes quel que soit le référentiel considéré. Introduit par Galilée, il fut initialement appliqué aux seules lois de la mécanique dans le cadre de référentiels dits galiléens, c'est-à-dire en mouvement rectiligne uniforme. Il fut étendu à l'ensemble des référentiels (inertiels et non inertiels) par Einstein dans sa théorie de la relativité générale.

Quantum
Quantité déterminée d'une grandeur physique (en particulier l'énergie).

Quark
Particule élémentaire sensible à l'interaction forte. Il en existe six sortes : up, down, charm, strange, top et bottom.

Radioactivité
Désintégration de certains noyaux atomiques s'accompagnant d'un dégagement d'énergie sous

forme de rayonnements. Il existe différents types de rayonnements (α, β, γ) qui définissent les différents types de radioactivité.

Référentiel

Système de coordonnées spatiales et temporelles permettant de situer et d'étudier un phénomène physique. Il existe différents types de référentiels selon qu'ils sont en mouvement rectiligne uniforme (référentiels galiléens ou inertiels) ou en mouvement accéléré (référentiel non inertiel).

Symétrie

Invariance permettant de considérer un système physique selon des points de vue distincts en termes de description mais équivalents en ce qui concerne les prédictions effectuées sur son évolution.

Supersymétrie

Théorie selon laquelle toutes les particules (fermions et bosons) connues posséderaient un double (respectivement bosons et fermions) beaucoup plus massif et non encore détecté.

Théories de grande unification

Théories visant à expliquer à la fois l'interaction nucléaire forte et l'interaction électrofaible. Reposant, comme la théorie électrofaible sur un mécanisme de brisure spontanée de symétrie, les théories de grande unification prévoit l'existence de 12 bosons de jauge massif : les bosons X et Y.

Théories du tout
Théories visant à expliquer à la fois la gravitation et les trois autres interactions fondamentales. Les plus célèbres de ces théories sont les théories des cordes qui représentent les particules sous forme de cordes. Les plus récents développements semblent montrer que les théories des cordes ne sont que des cas particuliers d'une théorie plus fondamentale nommée théorie M.

Théorie électrofaible
Proposée en 1961 par Sheldon Glashow, elle vise à expliquer simultanément la force électromagnétique et la force nucléaire faible. Les difficultés qu'elle soulève seront dépassées en 1964 grâce au mécanisme de brisure spontanée de symétrie proposé par François Englert, Robert Brout et Peter Higgs. Ce mécanisme prévoit l'existence d'un boson de jauge connu sous le nom de boson de Higgs. Malgré de bonnes prédictions et des résultats expérimentaux

concluants, elle ne sera définitivement confirmée qu'avec la découverte du boson de Higgs.

Théorie quantique des champs
Application de la mécanique quantique aux champs. Elle fût principalement développée par Paul Dirac, Wolfgang Pauli, Sin-Itiro Tomonaga, Julian Schwinger, Richard Feynman, et Freeman Dyson entre 1935 et 1955.

Topologie
Branche des mathématiques qui étudie les transformations spatiales par déformation continue.

Transition de phase
Changement abrupt et soudain de l'un des paramètres d'un système. La transition a lieu lorsque le paramètre atteint une valeur seuil.

Vide
En théorie quantique des champs, état d'énergie minimale ne contenant pas de particules réelles. Le vide correspond donc à une absence de matière mais pas au « rien » car il est peuplé de particules virtuelles. Il existe différents états vides.

Table des matières

EN QUÊTE DE L'INFINIMENT PETIT

L'HYPOTHÈSE DU BIG BANG

Biblis

Dans la même collection

1. André Latreille, *De Gaulle, la Libération et l'Église catholique*
2. Jacques Biélinky, *Un journaliste juif à Paris sous l'Occupation. Journal 40-1942*
3. Clotilde Champeyrache, *Sociétés du crime. Un tour du monde des mafias*
4. Joseph Macé-Scaron, *Montaigne, notre nouveau philosophe*
5. Bernard Cottret, *Le Christ des Lumières - Jésus de Newton à Voltaire*
6. Martine Sonnet, *L'éducation des filles au temps des Lumières*
7. Jacob Katz, *Juifs et francs-maçons en Europe (1723-1939)*
8. Philibert Damiron, *Les philosophes français du XIXe siècle*
9. Pierre Maraval, *Lieux saints et pèlerinages d'Orient*
10. Pierre-Marc de Biasi, *Génétique des textes*
11. Peter Brown, *Le culte des saints*
12. Mireille Hadas-Lebel, *Jérusalem contre Rome*
13. Laure Fontana, *L'Homme et le Renne*
14. Georges Gusdorf, *Mythe et métaphysique*
15. Fred Célimène et André Legris (dir.), *Économie de l'esclavage colonial*
16. Maurice Vaïsse (dir.), *De Gaulle et la Russie*
17. Jean Richard, *L'esprit de la croisade*
18. Francis Farrugia, *Sociologies. Histoires et théories*
19. Xavier Raufer, *Les nouveaux dangers planétaires*
20. Pierre-André Sigal, *L'homme et le miracle dans la France médiévale*
21. René Treuil, *Le mythe de l'Atlantide*
22. Emmanuel Kreis, *Les puissances de l'ombre. La théorie du complot dans les textes*
23. Isabelle Robinet, *Histoire du taoïsme*
24. Charles Glass, *Les Américains à Paris sous l'Occupation*
25. Daniel Panzac, *La marine ottomane*
26. Corine Defrance et Ulrich Pfeil (dir.), *La France, l'Allemagne et le traité de l'Elysée (1963-2013)*
27. Catherine Nicault, *Une histoire de Jérusalem*
28. Pierre Maraval, *L'empereur Justinien*
29. Jacques Frémeaux, *Les empires coloniaux. Une histoire-monde*
30. Henry Kraus, *L'argent des cathédrales*
31. Catherine Wolff, *L'armée romaine*

32. Gary Schaal et Felix Heindenreich, *Introduction à la philosophie politique*
33. François Sigaut, *Comment* Homo *devint* faber
34. Michel Abitbol, *Les Juifs d'Afrique du Nord sous Vichy*
35. Laurent Dandrieu, *Woody Allen. Portrait d'un antimoderne*
36. Colas Duflo, *Les aventures de Sophie. La philosophie dans la littérature au* XVIIIe
37. Sophie A. de Beaune (dir.), *Chasseurs-cueilleurs. Comment vivaient nos ancêtres au Paléolithique supérieur*
38. Jean Tulard (dir.), *La Contre-Révolution. Origines, histoire, postérité*
39. Hanns Hatt et Regine Dee, *La chimie de l'amour. Quand les sentiments ont une odeur*
40. Brian Hayden, *Naissance de l'inégalité. L'invention de la hiérarchie*
41. Jean Eisenstaedt, *Einstein et la relativité générale*
42. Georges Chapouthier et Frédéric Kaplan, *L'homme, l'animal et la machine*
43. Maxime Rovere, *Spinoza. Méthodes pour exister*
44. Anne-Marie Tillier, *L'homme et la mort*
45. Jacques Cauvin, *Naissance des divinités, naissance de l'agriculture*
46. Philippe Martin, *Histoire de la messe. Le théâtre divin*
47. Yves-Marie Bercé, *Révoltes et révolutions dans l'Europe moderne*
48. Jean-François Sirinelli, *Mai 68*
49. Isabelle Pantin, *Tolkien et ses légendes*
50. Ian Kershaw, *L'opinion allemande sous le nazisme*
51. Alain Bouchart, *Grandes chroniques de Bretagne*
52. Nayan Chanda, *Au commencement était la mondialisation*
53. Wolfgang Krieger, *Services secrets. Une histoire, des pharaons à la CIA*
54., Jean Jamin et Patrick Williams, *Une anthropologie du jazz*
55. Jacqueline Chabbi, *Le Seigneur des tribus. L'Islam de Mahomet*
56. Anny Dayan Rosenman, *Les alphabets de la Shoah. Survivre, témoigner, écrire*
57. Bertrand Badie, *L'impuissance de la puissance*
58. Martine Coutier, *Dictionnaire de la langue du vin*
59. François Jost, *Le culte du banal*
60. Nicolas Beaupré, *Écrits de guerre 1914-1918*
61. Maurice Vaïsse, *La grandeur. La politique étrangère du général de Gaulle*
62. Jean-Christophe Attias, *Penser le judaïsme*
63. Henry Laurens et Mireille Delmas-Marty (dir.), *Terrorismes. Histoire et droit*
64. Sophie Chevalier et Jean-Marie Privat (dir.), *Norbert Elias*
65. George Johnson, *Les 10 plus belles expériences scientifiques*

66. Hubert Wolf, *Le Pape et le diable. Pie XII, le Vatican et Hitler*
67. Jacques Frémeaux, *De quoi fut fait l'empire. Les guerres coloniales au XIXe siècle*
68. Bertrand Badie, *La fin des territoires*
69. Jean Tulard, *La Police parisienne entre deux révolutions (1830-1848)*
70. Patrice Arnaud, *Les STO. Histoire des Français requis en Allemagne nazie*
71. Souleymane Bachir Diagne, *Bergson postcolonial*
72. Michel Biard (dir.), *La Révolution française. Une histoire toujours vivante*
73. Louis Sadoski, *Berlin 1942. Le voyage d'un collabo au cœur de la Gestapo*
74. Bernard Costagliola, *La Marine de Vichy*
75. Pierre Brasme, *Dictionnaire des révolutionnaires français*
76. Henry de Lumley (dir.), *L'Univers, la Vie, l'Homme*
77. Phocas, *Traité de la guérilla*
78. Tobias Hürter et Max Rauner, *Univers parallèles*
79. Juremir Machado da Silva, *En Patagonie avec Michel Houellebecq*
80. Jacques Huntzinger, *Il était une fois la Méditerranée*
81. Jean Gobi l'Ancien, *Miracles de Sainte Marie Madeleine*
82. Sophie Fromager et Patricia Laporte, *Voyage au cœur de l'infini*
83. Émile Durkheim, *Les formes élémentaires de la vie religieuse*
84. Avner Ben Amos, *Israël, la fabrique de l'identité nationale*

Cet ouvrage a été imprimé en France par CPI Bussière à Saint-Amand-Montrond (Cher)
en mai 2014. – N° d'impression : 2010028. – Dépôt légal : juin 2014.